Entropie des Wasserdampfes
in elementarer Ableitung

von

Fritz Bürk

*

Mit 11 Figuren und 4 Tabellen
im Text

*

Springer-Verlag Berlin Heidelberg GmbH
1924

ISBN 978-3-662-33613-7   ISBN 978-3-662-34011-0 (eBook)
DOI 10.1007/978-3-662-34011-0

© Springer-Verlag Berlin Heidelberg 1924
Ursprünglich erschienen bei Otto Spamer, Leipzig 1924

Druck
der Spamerschen
Buchdruckerei in Leipzig

Vorwort.

Während die Gesetze der Thermodynamik mit ihren Beziehungen von Druck, Volumen und Temperatur untereinander verhältnismäßig schnell erfaßt und auch angewendet werden können, ist dies bei Berechnungen, in denen der Entropiebegriff zu berücksichtigen ist, ganz ausgeschlossen, solange der Begriff der Entropie nicht klar erkannt worden ist. In den meisten Lehrbüchern über Thermodynamik ist dieser Begriff aber, der als der schwierigste der Wärmelehre gilt, nicht einfach genug entwickelt und erläutert, infolgedessen oft unverstanden geblieben.

Möge das vorliegende Schriftchen, das die Grundzüge der Thermodynamik als bekannt voraussetzt, zur Vermehrung der Erkenntnis auf diesem Gebiete beitragen.

Mannheim-Waldhof, September 1924.

Bürk.

Entropie des Wasserdampfes.

Über den aus der Thermodynamik hervorgegangenen, zuerst von dem deutschen Physiker *Clausius* so bezeichneten außerordentlich wichtigen Begriff der Entropie herrscht allgemein so völlige Unklarheit, daß es wohl angebracht erscheint, einige Worte hierüber zu sagen. Die Hauptschuld an der mangelnden Erkenntnis auf diesem Gebiet ist offenbar dem Umstand zuzuschreiben, daß die Entropie dimensionslos ist, d. h. sich nicht durch irgendein unseren Sinnen wahrnehmbares Maß darstellen und daher in keinem Maßsystem, weder in dem technischen (Meter, Kilogramm, Sekunde) noch im absoluten (Zentimeter, Gramm-Masse, Sekunde) unterbringen läßt, sich infolgedessen dem Gedächtnis weniger gut einprägt. Es war daher nur natürlich, daß man sich bei Erläuterungen zu diesem Thema fast ausschließlich der mathematischen Zeichen bediente, ohne sich eine Vorstellung von dem Wesen der Entropie selbst zu machen. Viele Bezeichnungen und Entwicklungen des Entropiebegriffes sind aber sehr unverständlich geblieben. Immerhin scheint die Ableitung des Entropiebegriffes auf mathematischem Wege viel für sich zu haben und leichter zur Erkenntnis zu führen, weshalb auch bei der folgenden Betrachtung die Entwicklung desselben auf diesem Wege beibehalten werden soll.

Die Umwandlung der uns von der Natur geschenkten Energievorräte in andere Energieformen, z. B. mechanische Arbeit, sollte im eigenen wie auch im allgemeinen Interesse nur auf die wirtschaftlichste Weise erfolgen.

Die wertvollste Energie für industrielle Zwecke ist vorläufig noch die in unseren Brennstoffen aufgespeicherte chemische Energie, da deren Umwandlung in mechanische Arbeit nicht an Zeit noch Ort gebunden ist, was für alle anderen Energieformen nicht in gleichem Maße, für die potentielle Energie der Wasserfälle z. B. gar nicht zutrifft.

Und doch! Trotz vieler Vorzüge besitzt die Brennstoffenergie wie alle anderen eine recht schlechte Charaktereigenschaft, nämlich die unüberwindliche Neigung, bei Umwandlungsprozessen in minderwertige Wärme überzugehen und sich auf einen möglichst großen Raum zu zerteilen. Solange wir daher nicht in der angenehmen Lage sind, allgemein mechanische Energie direkt aus der chemischen zu erzeugen und hierzu einstweilen immer noch der Mitwirkung der Wärmeenergie, meistens des Wasserdampfes als Energieträger bedürfen, muß unser Bestreben darauf gerichtet sein, auf den Dampf nur hochwertige Energie zu übertragen, d. h. Wärme hoher Temperatur, und der Wärme, so gut es geht, jede Möglichkeit abzuschneiden, uns untreu zu werden, und sie daran zu hindern, in den Zustand überzutreten, der ihr am nächsten liegt, nämlich den der niedrigsten Temperatur der Umgebung bzw. des absoluten Nullpunktes ($-273°$ C).

Nach den Gesetzen der theoretischen Wärmemechanik (die Bezeichnung mechanische Wärmetheorie ist unlogisch) sind Wärme und mechanische Arbeit äquivalent (1 Cal. $=$ 427 mkg). Obschon wir aber die Richtigkeit dieser Beziehung zwischen Wärme und mechanischer Arbeit anerkennen, werden wir bei der praktischen Anwendung dieses Grundsatzes doch bald auf Schwierigkeiten stoßen und einsehen, daß die in einem Kilogramm Brennstoff enthaltene Wärme von z. B. 7000 Cal. für uns wertvoller ist als die in der gesamten Wassermenge des Erdballs enthaltene Wärme, denn erstere gibt uns bei der Verbrennung eine hohe Temperatur, d. h. ein entsprechendes Wärmegefälle, ohne welches wir keine Wärme in nutzbringender Weise in mechanische Arbeit umsetzen können. Die Temperatur ist gewissermaßen mit dem Gefälle einer Wasserkraft zu vergleichen, die Wärmemenge mit der Wassermenge, worauf wir später noch zurückkommen. Zur Entwicklung des Entropiebegriffes stellen wir nun folgende Betrachtung an: Geht ein Gas durch eine einmalige Expansion aus dem Zustand *I* in den Zustand *II* über (Fig. 1), so kann es bekanntlich die der schraffierten Fläche im *p-v*-Diagramm

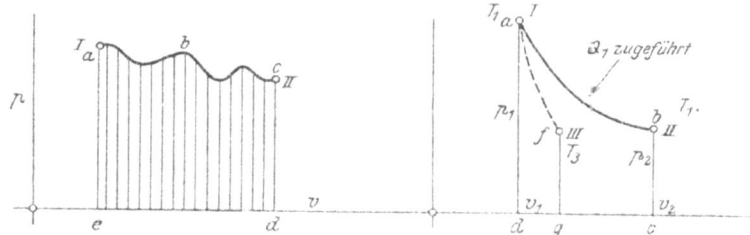

Fig. 1 und 2.

entsprechende Arbeit leisten. Die Größe derselben hängt, wie leicht ersichtlich, sehr von der Gestaltung der oberen Begrenzungskurve *a b c*, also von der Art der Expansion ab.

Man unterscheidet zwei Hauptarten der Expansion, die isothermische und die adiabatische. Bei ersterer geht die Expansion unter konstanter Temperatur vor sich, bei letzterer ohne Zu- oder Abführung von Wärme.

Erfolgt die Expansion isothermisch (Fig. 2), dann muß dem Gas während derselben von außen die Wärme Q_1 zugeführt werden. Der Fläche *a b c d a* entspricht eine Arbeitsleistung

$$L_1 = Q_1 \cdot 427 = p_1 v_1 \ln \frac{v_2}{v_1} \text{ mkg/kg Gas.}$$

7

Bei adiabatischer Expansion, Kurve $a\,f$, (Fig. 2) wird keine Wärme zu- und abgeführt. Der Fläche $a\,f\,g\,d\,a$ entspricht eine Arbeitsleistung
$$L_2 = 427 \cdot c_v\,(T_1 - T_3) \text{ mkg/kg Gas,}$$
worin c_v die spezifische Wärme bei konstantem Volumen, T_1 und T_3 die absoluten Temperaturen in Punkt I und III bedeuten.

Soll nun, wie gewöhnlich verlangt wird, ununterbrochen Arbeit auf diese Weise geleistet werden, dann müssen sich immer neue Gasmengen an dem Prozeß beteiligen, die alle nach einmaliger Ausdehnung aus demselben ausscheiden. Man kann sich jedoch wohl vorstellen, daß die beste Wärmeausnutzung bei der Umwandlung in Arbeit dann erreicht wird, wenn das Gas einen Kreislauf vollzieht, bei dem es expandiert, also seine Wärme in Arbeit umsetzt, und darauf wieder in seinen Ausgangszustand zurückkehrt bzw. zurückgebracht wird. Das ist aber bei kontinuierlicher Umsetzung im allgemeinen nicht möglich, wir sind vielmehr gezwungen, immer neue Gasmengen an der Umwandlung teilnehmen zu lassen. Kreisprozesse der ersteren Art, bei welchen keinerlei Verluste auftreten, und die deshalb auch in umgekehrter Reihenfolge vor sich gehen können, nennt man umkehrbare Kreisprozesse.

Solche umkehrbaren Kreisläufe können natürlich auf die mannigfachste Weise zustande kommen, und jeder von ihnen würde einen ihm eigenen Wärmewirkungsgrad aufweisen. Jedenfalls zeigt uns aber der angedeutete, nicht ausführbare ideale Fall einen Weg zu dem anzustrebenden, theoretisch überhaupt möglichen und günstigsten Wirkungsgrad.

Das Gas müßte demnach auf irgendeine Weise, z. B. durch eine Kompression, aus dem Zustand II in den Zustand I zurückgeführt werden, um so seinen Kreislauf von neuem beginnen zu können. Je nach der Größe der für diese Rückleitung des Gases in den Ausgangszustand I aufzuwendenden Arbeit ist die nach außen abgebbare Arbeit entweder ein Minimum, ein Maximum oder Null (Fig. 3).

Erfolgt die Rückführung auf dem selben Wege wie die Expansion, aber in der Richtung $c\,b\,a$, dann kann das Gas keine nutzbare Arbeit verrichten, denn die Rückführarbeit entspricht ja genau der Expansionsarbeit. Erfolgt die Rückführung z. B. nach der Kurve $c\,f\,a$, dann ist hierfür mehr Arbeit aufgewendet worden, als bei der Expansion

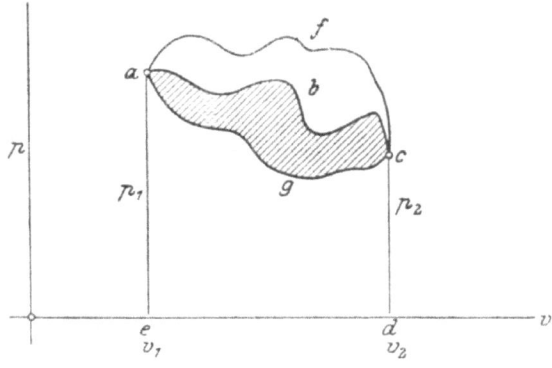

Fig. 3.

geleistet wurde. Geht die Rückführung aber z. B. nach der Kurve $c\,g\,a$ vor sich, entsprechend der Arbeitsfläche $c\,g\,a\,e\,d$, dann kann die Differenz der beiden Flächen, $c\,b\,a\,e\,d$ und $c\,g\,a\,e\,d$, d. i. die schraffierte Fläche $a\,b\,c\,g\,a$, als nutzbare Arbeit angesehen werden (Fig. 3).

Je tiefer die Kurve $c\,g\,a$ verläuft, um so geringer ist die Rückführungsarbeit, um so größer aber die ausnutzbare Leistung des Gases. Das Bestreben muß demnach darauf hinzielen, die obere Begrenzungskurve recht hoch, die untere möglichst tief verlaufen zu lassen, um die größte Arbeitsleistung und den günstigsten Wirkungsgrad zu erhalten. Ist erstere festgelegt, dann ist die abgebbare Arbeit nur noch vom Verlauf der unteren Kurve abhängig. Die geleistete Arbeit in Meterkilogramm entspricht demnach der zwischen der oberen und unteren Kurve liegenden Fläche.

Gelingt es, die untere Kurve $c\,g\,a$ so weit nach unten zu verschieben, bis sie mit der Abscissenachse zusammenfällt, dann wird die ganze zugeführte Wärme in mechanische Arbeit umgesetzt, also der Wirkungsgrad 1 erreicht. Dann müßte aber die Spannung des Gases im Punkte c durch Abkühlung bis zum absoluten Nullpunkt auf Null gebracht oder das Volumen des Gases zu Null werden, das Gas mithin verschwinden. Weder das eine noch das andere kommt für uns in Frage, denn ersteres ist unausführbar, und das letztere wollten wir ja bei dieser Betrachtung gerade vermeiden, um immer ein und dasselbe Gas zu verwenden. Man ersieht daraus, daß bei kontinuierlicher Umwandlung von Wärme in Arbeit immer ein gewisser positiver Betrag der dem Gase zugeführten Wärme wieder in Form von Wärme abgeleitet werden muß, wenn das Gas in seinen Anfangszustand zurückkehren soll. Es fragt sich nun, welcher günstigste Wirkungsgrad überhaupt zu erwarten ist, oder mit anderen Worten: welche Wärmemenge mindestens wieder abgeführt werden muß. Bezeichnen wir die zugeführte oder im Gase enthaltene Wärmemenge mit Q_1, die abgeführte mit Q_2, dann läßt sich der thermische Wirkungsgrad durch die Beziehung ausdrücken:

$$\eta = \frac{Q_1 - Q_2}{Q_1} = 1 - \frac{Q_2}{Q_1}.$$

Auch hieraus ist leicht zu ersehen, daß sich η um so mehr dem Wert 1 nähert, je kleiner Q_2 wird. Von den vielen möglichen Kreisläufen gibt es nun einen, bei dem η seinen theoretischen Höchstwert erreicht, nämlich beim Carnot-Prozeß. Derselbe besteht aus 2 Adiabaten und 2 Isothermen. Bei einer Adiabate wird, wie bekannt, weder Wärme zu- noch abgeführt; bei der Isotherme bleibt die Temperatur konstant.

Es wäre jetzt zu prüfen, ob beim Carnot-Prozeß tatsächlich der höchste thermische Wirkungsgrad erreichbar ist, ob sich also die Adiabate und Isotherme hierzu am besten eignen.

Ihrer Definition entsprechend ist im geschlossenen Kreislauf die adiabatische Expansion und Kompression ohne Einfluß weder auf die Wärmeverhältnisse noch auf die Arbeitsleistung des Prozesses, denn die bei der adiabatischen Expansion dem Gas selbst entnommene und in Arbeit verwandelte Wärme wird auf dem Rückweg bei der durch äußeren Arbeitsaufwand zustande gebrachten Kompression dem Gase wieder zurückerstattet, sodaß also die Wärmemenge selbst unverändert bleibt. Die bei der adiabatischen Expansion natürlicherweise entstehende Temperaturerniedrigung wird durch die mit adiabatischer Kompression verbundene Temperaturerhöhung wieder ausgeglichen; somit herrscht in Punkt a (Fig. 4) wieder die ursprüngliche Temperatur T_1.

Bei isothermer Zustandsänderung wird die ganze Wärme in Arbeit umgesetzt, wie aus folgendem hervorgeht. Zur Erwärmung von 1 kg Gas, dessen Temperatur sich bei einer beliebigen Expansion von T_1 nach T_2 ändert und dabei gleichzeitig Arbeit leistet, ist ganz allgemein eine Wärmemenge Q erforderlich, die sich aus zwei Summanden zusammensetzt. Wir können annehmen, daß das Gas zunächst bei konstantem Volumen von T_1 auf T_2 erwärmt wird, wozu die Wärmemenge

$$c_v \cdot (T_2 - T_1)$$

erforderlich ist, und daß das Gas alsdann die äußere Arbeit leistet. Beträgt letztere L mkg, d. i. $\dfrac{L}{427}$ Cal., dann ist

$$Q = c_v \cdot (T_2 - T_1) + \frac{L}{427} \text{ Cal.}$$

Da aber bei der Isotherme $T_2 = T_1$, folgt:

$$Q = \frac{L}{427}$$

d. h. die ganze Wärme wird dann in mechanische Arbeit verwandelt. Umgekehrt geht bei isothermer Kompression die ganze aufgewendete Arbeit als Wärme in das Kühlwasser über. Die Adiabate und Isotherme sind also die zur Erlangung des höchsten Wirkungsgrades idealsten Kurven, nach denen der Prozeß theoretisch verlaufen kann. (Vom Lorenz-Prozeß soll hier abgesehen werden.)

Da nach Vorstehendem bei adiabatischer Expansion und Kompression die Summe aus der Expansions- und Kompressionsarbeit gleich Null ist, bleiben für die Beurteilung der Arbeitsleistung beim Carnot-Prozeß nur noch die isothermen Zustandsänderungen übrig. Die Arbeitsleistung stellt sich demnach dar als Differenz der beiden Flächen $abfha$ und $dcegd$, deren Inhalt sich durch Planimetrierung feststellen läßt.

Der Verlauf des Carnot-Prozesses ist durch folgende Zustände und Vorgänge gekennzeichnet (Fig. 4):

1. Zustand I $p_1 v_1 T_1$
2. ,, II $p_2 v_2 T_1$
3. ,, III $p_3 v_3 T_2$
4. ,, IV $p_4 v_4 T_2$

1. Von I bis II erfolgt isotherme Expansion unter Zuführung der Wärmemenge Q_1, die ganz in Arbeit umgesetzt wird, entsprechend der Arbeitsleistung der Fläche $abfha$.

$$L_1 = Q_1 \cdot 427 = p_1 v_1 \ln \frac{v_2}{v_1} = RT_1 \ln \frac{p_1}{p_2}$$

Das Volumen steigt von v_1 auf v_2, die Spannung sinkt von p_1 auf p_2, die Temperatur T_1 bleibt konstant.

2. Von II bis III tritt adiabatische Expansion ein ohne Zu- oder Abführung von Wärme. Die Temperatur sinkt infolgedessen von T_1 auf T_2, die Spannung von p_1 auf p_3, während das Volumen von v_2 bis v_3 zunimmt. Die geleistete Arbeit L_x entspricht der Fläche $bcefb$.

3. Von *III* bis *IV* geht eine isothermische Kompression vor sich durch Aufwendung äußerer Arbeit, welche der Fläche *c e g d c* entspricht, wobei T_2 konstant bleibt, die Spannung aber von P_3 auf P_4 steigt und das Volumen von v_3 auf v_4 abnimmt. Die aufzuwendende und in Form von Wärme an das Kühlmittel abzugebende Kompressionsarbeit beträgt

$$L_2 = Q_2 \cdot 427 = p \cdot v \ln \frac{v_3}{v_4} = R \cdot T_2 \ln \frac{p_4}{p_3}.$$

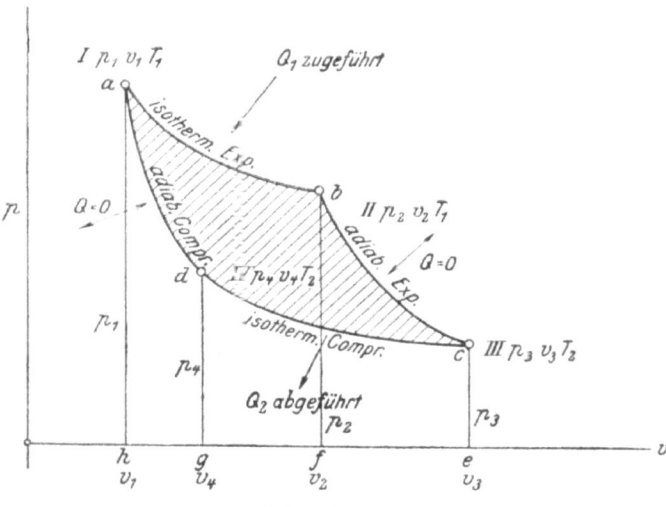

Fig. 4.

4. Endlich findet von *IV* bis *I* adiabatische Kompression statt ohne Zu- oder Abführung von Wärme, was eine Steigerung der Temperatur von T_2 auf T_1 zur Folge hat und eine Drucksteigerung von p_4 auf p_1, aber eine weitere Abnahme des Volumens von v_4 auf v_1, so daß in Punkt *a* der ursprüngliche Zustand *I* wieder eingetreten ist, was ja beabsichtigt war. Die aufzuwendende Arbeit L_y entspricht der geleisteten Arbeit L_x. L_x und

L_y heben sich aber auf. Es ergibt sich mithin als Arbeitsleistung

$$L_1 - L_2 = R \cdot T_1 \ln \frac{p_1}{p_2} - R T_2 \ln \frac{p_4}{p_3} = T_1 - T_2 \text{ }^1)$$

denn $\dfrac{p_1}{p_2} = \dfrac{p_4}{p_3}$

und hieraus der thermische Wirkungsgrad

$$\eta = \frac{L_1 - L_2}{L_1} = \frac{T_1 - T_2}{T_1} = 1 - \frac{T_2}{T_1}.$$

Da $\quad \eta = 1 - \dfrac{Q_2}{Q_1} \quad$ folgt: $\quad \dfrac{Q_2}{Q_1} = \dfrac{T_2}{T_1}$

oder: $\quad \dfrac{Q_2}{T_2} = \dfrac{Q_1}{T_1} = \dfrac{Q_3}{T_3} \ldots$

Der Ausdruck für den thermischen Wirkungsgrad nimmt also beim Carnot-Prozeß die einfache Form $\dfrac{T_1 - T_2}{T_1}$ an, womit gesagt ist, daß derselbe nur abhängig ist von den Temperaturgrenzen, innerhalb welcher er sich abspielt.

Bekanntlich hängt die Leistung eines Menschen davon ab, welche Fähigkeiten er an und für sich besitzt, und bis zu welchem Grade dieselben ausgenützt werden können. Genau so verhält es sich mit der Wärme. Diejenige Wärme ist für eine Arbeitsleistung die wertvollste, welche die höchste Anfangstemperatur besitzt, und es wird mit ihr um so mehr geleistet werden können, je niedriger die Austrittstemperatur ist, mit welcher sie die Maschine verläßt.

Bewegt sich ein *Carnot*scher Vorgang z. B. innerhalb der Temperaturgrenzen $T_1 = 673$ abs. ($400°$) und $T_2 = 273$ abs. ($0°$ C), dann ist sein thermischer Wirkungsgrad

$$\eta = \frac{T_1 - T_2}{T_1} = \frac{673 - 273}{673} = 59{,}5 \text{ Proz.}$$

---

[1]) Siehe Hütte.

Für $T_1 = 473°$ und $T_2 = 300°$ wird
$$\eta = \frac{473 - 300}{473} = \sim 37 \text{ Proz.}$$

Da Q_2 die abzuführende Wärme bezeichnet und der Carnot-Prozeß den günstigsten Wirkungsgrad ergibt, ist unter Q_2 folglich diejenige Wärmemenge zu verstehen, die selbst noch im günstigsten Fall aus dem Kreislauf wieder abgeführt werden muß. Aus vorstehender Kontinuitätsgleichung ergibt sich diese abzuführende Wärmemenge zu

$$Q_2 = \left(\frac{Q_1}{T_1}\right) \cdot T_2.$$

Da Wärme und mechanische Arbeit äquivalent sind und letztere aus 2 Faktoren, Kraft und Weg, besteht nach der Formel $A = P \cdot s$, muß sich auch die Wärme als ein Produkt aus 2 Faktoren, somit auch als Fläche darstellen lassen. Diese beiden Faktoren haben wir oben bereits gefunden. Der Wert $\frac{Q_1}{T_1}$ entspricht in der Arbeitsgleichung $A = P \cdot s$ der Kraft P, die Temperatur T_2 dem Wege s, oder, wenn man die Wasserkraft zum Vergleich heranzieht, so entspricht $\frac{Q_1}{T_1}$ dem Wassergewicht, T_2 der Fallhöhe des Wassers gemäß der Formel $A = G \cdot h$.

Der Ausdruck $\left(\frac{Q_1}{T_1}\right)$ wurde von *Clausius* (1822—1888) mit Entropie bezeichnet und wird im Hinblick auf die obigen Vergleiche auch „Wärmegewicht" genannt.

Aus der Gleichung $Q_2 = \left(\frac{Q_1}{T_1}\right) \cdot T_2$ geht hervor, daß die abzuführende Wärmemenge hauptsächlich von der Entropie $\frac{Q_1}{T_1}$ abhängt, da sich ja an der Temperatur T_2, welche die niedrigste Temperatur bedeutet, bei welcher diese Wärme abgeführt werden kann, insofern nicht viel ändern läßt, als bei uns die niedrigste Temperatur von etwa 10—15° C, d. i. 283—288 abs. in Frage kommt. Je größer die Entropie $\frac{Q_1}{T_1}$, um so größer auch die abzuführende, nicht umwandelbare Wärmemenge Q_2, die wohl als Arbeitsverlust, aber nicht als Wärmeverlust anzusehen ist, denn sie findet sich ja im Kühlwasser vor. Sie muß zwar an dem Kreislauf notwendigerweise teilnehmen, läßt sich aber dabei nicht in Arbeit umsetzen. Wir können Q_2 als einen bei jeder Umwandlung von Wärme in Arbeit an die Natur zurückzuzahlenden Tribut auffassen, dessen Größe sich nur nach den verschiedenen Temperaturen, bei denen der Prozeß vor sich geht, richtet, der aber unter allen Umständen erstattet werden muß, und zwar in Form von Wärme. Gerade auf diesen Umstand, daß die Natur diesen Tribut durchaus als Wärme zurückfordert, ist die Entwertung der Wärmeenergie zurückzuführen. Obschon Wärme und mechanische Arbeit äquivalent sind, besteht hier doch ein großer Unterschied. Schuldet uns jemand beispielsweise 42 700 mkg Arbeit, dann werden wir uns nicht ohne weiteres mit $\frac{42\,700}{427} = 100$ Cal. in Form von 1 Liter Wasser, dessen Temperatur von z. B. 50° auf 150° C erhöht wurde, zufrieden geben können, denn bei der Verwandlung dieser Wärme in Arbeit, sofern das überhaupt ausführbar ist, merken wir bald, daß wir den Kürzeren gezogen hätten!

Die Wärme befindet sich auf einem zu niedrigen Temperaturniveau, d. h.: die Entropie dieser Wärmemenge in bezug auf die Temperatur, bis zu welcher wir sie auszunutzen vermögen, 293° abs (20° C) angenommen, ist zu groß. Ein Carnot-Prozeß würde in diesen Temperaturgrenzen einen Wirkungsgrad von
$$\frac{T_1 - T_2}{T_1} = \frac{423 - 293}{423} = 0{,}31 = 31 \text{ Proz.}$$
ergeben.

Es müßten also von den 150 — 20 = 130 Cal. des Wassers (auf 20° bezogen) 69% nutzlos abgeführt werden, entsprechend ca. 90 Cal., so daß nur 130 — 90 = 40 Cal. in Arbeit verwandelt werden könnten, d. i. 17 080 mkg. In Wirklichkeit würden wir statt 42 700 mkg nicht einmal 17 080, sondern vielleicht nur 4000 mkg von unserem Schuldner zurückerhalten haben und hätten so mit der Wärmeenergie eine sehr unerfreuliche Erfahrung gemacht. Sollte uns unser Guthaben durchaus in Gestalt von 150 gradigem Wasser zurückerstattet werden, müßten wir bei denselben Temperaturverhältnissen eine weit größere Wassermenge in Empfang nehmen, als die mit dem mechanischen Wärmeäquivalent vorgenommene Rechnung ergab. Wir können dieselbe folgendermaßen bestimmen: Es müssen uns nach Abzug des nicht ausnutzbaren Teiles der erhaltenen Wärme mindestens 100 Cal. = 42 700 mkg übrigbleiben. Also muß sein

$$Q_2 + 100 = Q_1$$

oder:

$$0{,}69\, Q_1 + 100 = Q_1$$
$$Q_1 (1 - 0{,}69) = 100$$
$$Q_1 = 323 \text{ Cal.},$$

d. h. wir müßten theoretisch mindestens eine 3 mal so große Wärmemenge beanspruchen, als die Rechnung mit dem Wärmeäquivalent ergeben hatte.

Soll die abzuleitende Wärmemenge möglichst klein ausfallen, dann muß ihre Abführung bei möglichst niedriger Temperatur erfolgen (bei Dampfmaschinenbetrieb z. B. im Kühlwasser des Kondensators) und andererseits dafür gesorgt werden, daß die Entropie $\dfrac{Q_1}{T_1}$ des wärmeaufnehmenden Körpers recht klein bleibt. Wie aber läßt sich das letztere erreichen? Die mathematische Bezeichnung für die Entropie gibt uns selbst die Antwort auf diese Frage. T_1 muß so groß als möglich gewählt werden, d. h. die Wärme Q_1 ist bei möglichst hoher Temperatur zuzuführen.

Sodann soll die Wärmezufuhr der an einem bestimmten Prozeß beteiligten Wärmemenge bei konstanter Temperatur, also isotherm erfolgen, denn der Ausdruck $\dfrac{Q_1}{T_1}$, a. i. die Entropie, wird bei isothermer Wärmezufuhr nicht so groß, als wenn die Wärme Q_1 nach und nach, unter fortwährendem Anwachsen der Temperatur bis T_1, auf den Wärmeträger übergeleitet wird, wie das z. B. bei der Erwärmung von Wasser im Dampfkessel der Fall ist. Strömt eine Wärme $Q_1 = 257$ Cal. bei konstantem Wärmegrad von 249° ($= 522°$ abs.) auf den Träger der Wärme über, dann hat die Entropie den Wert $\dfrac{257}{522} = 0{,}492$. Bei allmählich sich steigernder Temperatur von 0—249° bestimmt sich deren Wert hingegen zu
$$c_v \,(\text{lognat } 522 - \text{lognat } 273) = 0{,}648,$$
was hier vorweg gesagt sein soll. Die spez. Wärme c_v des Trägers ist mit 1 angenommen. Schon hieraus läßt sich folgern, daß ein Gasmotor, bei welchem der Wärmeübergang auf das Gas infolge der Explosion fast plötzlich stattfindet, einen besseren Wärmeausnutzungsgrad aufweisen muß, als ein entsprechender Dampfbetrieb, da bei gleicher Wärme Q_1 und gleicher Temperatur T_1 die Entropie kleiner ausfällt. In Wirklichkeit ist die Temperatur T_1 beim Gasmotor aber viel größer als bei der Dampfmaschine.

Aber etwas anderes ist auch hieraus zu entnehmen. Die aufgewendete Wärme Q_1 soll so klein als möglich sein, d. h. es soll möglichst wenig hochwertige Energie wie z. B. chemische oder elektrische Energie in Wärme umgesetzt werden. Es ist also darauf zu achten, daß nicht mehr Wärme an dem Kreislauf teilnimmt, als für den betreffenden Zweck unbedingt erforderlich ist.

Für den Wert der Entropie ist es zwar einerlei, wieviel Wärme an einem bestimmten Kreislauf beteiligt ist, denn man kann sowohl eine große wie auch eine kleine Wärmemenge von großer oder kleiner Entropie erzeugen. Es kommt bei ihr auf das Verhältnis zur Temperatur an, bei welcher die Wärmezufuhr vor sich ging. Die Summe der abzuführenden Wärme ist jedoch, wenn wir konstante Entropie annehmen, natürlich um so größer, je mehr Wärme bei einer Wärmewandlung im Spiele ist. Nehmen 10 kg eines Gases an der Umwandlung in mechanische Arbeit teil, dann ist die abzuführende Wärmemenge doppelt so groß, als wenn nur 5 kg daran beteiligt sind, obschon die Entropie, wie vorausgesetzt, in beiden Fällen dieselbe sein kann. $\frac{Q_1}{T_1}$ hat denselben Wert bei $Q_1 = 1200$ Cal. und $T_1 = 800°$ wie bei $Q_1 = 675$ und $T_1 = 450°$. In beiden Fällen ist bei isothermer Wärmezufuhr $\frac{Q_1}{T_1} = 1,5$, wenn auch Q_1 und T_1 verschieden sind. Waren nun zu einem bestimmten Zweck 10 kg von je 600 Cal. des betreffenden Wärmeträgers mit der Entropie 1,5 nötig, so müssen bei $T_2 = 300°$ im ganzen $1,5 \cdot 300 \cdot 10 \cdot 600 = 2\,700\,000$ Cal. unausgenutzt aus dem Kreislauf abgeführt werden. Gelingt es aber, die betr. Einrichtung so zu verbessern, daß man mit 6 kg Gas auskommt, so beträgt die abzuleitende, für den Arbeitsprozeß verlorene Wärmemenge selbstredend nur $1,5 \cdot 300 \cdot 6 \cdot 600 = 1\,620\,000$ Cal. Diese Wärme von 2,7 Millionen bzw. 1,62 Millionen Calorien läßt sich praktisch fast zu nichts mehr verwenden, da ihre Temperatur von 300° abs., d. i. 27° C, zu niedrig ist. Man sollte demnach stets mit der geringsten Wärmemenge auszukommen und alle Verluste zu vermeiden suchen, was ja selbstverständlich ist.

Hier muß nun erwähnt werden, daß die Wärmeentwertung nicht etwa erst in der Dampfmaschine eintritt, sondern auf ihrem ganzen Wege von der Erzeugungsstelle, dem Kesselrost, bis zum Austritt aus der Maschine. Schon in der Feuerung des Dampfkessels entsteht, selbst wenn keine Wärmeverluste durch Strahlung, Leitung usw. angenommen werden, eine bedeutende Entwertung der Wärme. Selbst die Speisung des Kessels bringt eine Entropieerhöhung mit sich. Die Temperatur sinkt, die Entropie wächst. Auch die in den Rauchgasen und Herdrückständen entweichende Wärme trägt in gewisser Hinsicht zur Entropievermehrung und somit zur Wärmeentwertung bei, desgleichen Abkühlungen in der Rohrleitung und Drosselungen. Durch Vermeidung von Abkühlungen kann diesem Grundübel der Wärmeenergie, der Entropievermehrung begegnet werden, was zum Teil durch gute Isolation, Ausbesserung undichter Stellen, Verhütung von Wasseransammlungen, hinreichende Querschnitte und Beseitigung von Widerständen, die alle eine Vergrößerung der Entropie zur Folge haben, erreicht werden kann. Auch Drosselungen sind zu vermeiden, denn obgleich hierbei die Wärmemenge, abgesehen von Isolationsverlusten, unverändert bleibt, sinkt die Temperatur, wodurch die Wärme zur Arbeitsleistung immer untüchtiger wird.

Die Wärme sinkt auf eine niedrigere Basis, worauf die Entropie zunimmt, was gleichbedeutend ist mit Wärmeentwertung. Aus diesem Grunde hat man die Entropie auch „Entwertungsfaktor" genannt.

Auch aus Vorstehendem ist ohne weiteres zu erkennen, daß der thermische Wirkungsgrad einer Gasmaschine besser sein muß als derjenige der besten Dampfmaschine, da der Wärme auf ihrem Wege von der Erzeugungsstelle zur Gasmaschine nicht so viel Gelegenheit geboten ist, Entropievermehrungen eintreten zu lassen, wie beim Kessel- und Dampfmaschinenbetrieb, und daß, von diesem Standpunkt aus betrachtet, dem Gasmaschinenbetrieb entschieden der Vorzug gebührt. Der thermische Wirkungsgrad eines

Dieselmotors z. B. beträgt 36 Proz., derjenige einer guten Dampfmaschine nur ca. 16 Proz.

Die Wärme wird auf ihrem ganzen Lauf von der festen Form im Brennstoff bis zur flüssigen Form als Kondensat an der Dampfmaschine wiederholt auf ein niedrigeres Niveau herabgedrückt, was man als Entropievergrößerung oder -zuwachs bezeichnet. Dies hat mit Wärmeverlusten nicht das geringste zu tun, denn die Entropievermehrung würde auch dann eintreten, wenn keine einzige Calorie auf diesem ganzen Wege durch Leitung, Strahlung, in den Herdrückständen oder durch den Schornstein entschlüpfte. Es wird dadurch nur mehr Wärme als theoretisch erforderlich benötigt.

Die vorerwähnten eigentlichen Wärmeverluste verursachen nur einen größeren Wärmeaufwand, was aber nicht unbedingt die Wärmequalität beeinträchtigen muß.

Aus $\dfrac{Q_1}{T_1} = \dfrac{Q_2}{T_2}$ ergibt sich: $\dfrac{Q_1}{T_1} - \dfrac{Q_2}{T_2} = 0$, d. h. in einem geschlossenen vollkommenen Kreisprozeß tritt keine Entropieänderung ein, da das Gas oder der Wärmeträger sich am Ende des Kreislaufes wieder im Anfangszustand befindet. Während des Prozesses mag die Entropie zu- oder abnehmen, aber die Summe aller Entropieänderungen der am Kreislauf mittelbar oder unmittelbar beteiligten Wärmeträger ist Null. Umgekehrt, ist bei irgendwelchen Wärmevorgängen die Entropieänderung Null, dann hat man es mit einem idealen, umkehrbaren Kreislauf zu tun bzw. mit einer Wärmewandlung, bei welcher sich am Ende weder die Wärmemenge noch deren Temperatur geändert haben. Da solche idealen Kreisprozesse wohl denkbar, aber praktisch unausführbar sind, gelangt man zu dem Schluß, daß jede wirkliche Umsetzung von Wärme in Arbeit eine Entropievergrößerung erzeugt und darum nicht umkehrbar ist.

Nach *Helmholtz* (1821—1894) sind alle Vorgänge in der Natur, bei denen geordnete Bewegungsenergie in unregelmäßige und ungeordnete Wärmeenergie übergeht, nicht umkehrbar. Dies lehrt auch die Erfahrung. Darum nimmt die Entropie in der Natur stets zu. Das Gegenteil ist jedenfalls nie beobachtet worden.

Obschon der Zustand eines Gases durch die Größen Druck, Volumen und absolute Temperatur ($p\ v\ T$) vollkommen bestimmt ist, wird uns durch die Entropie ein weiteres wichtiges Hilfsmittel zur Beurteilung der Leistungsfähigkeit des Gases an die Hand gegeben, wenn die Wärme desselben in mechanische Arbeit verwandelt werden soll, und wenn die niedrigste Temperatur, mit welcher sie den Kreislauf verläßt, bekannt ist. Durch Multiplikation der Entropie $\dfrac{Q}{T} = S$ mit der niedrigsten Temperatur T_2 findet man sofort diejenige Wärmemenge, welche unter gar keinen Umständen in Arbeit umsetzbar ist, die vielmehr als Wärme aus dem Prozeß ausscheiden muß.

Enthält z. B. eine Gasmenge 700 Cal. und beträgt die Entropie $S = 1{,}2$ Entropieeinheiten, dann ist hiermit gesagt, daß sich von diesen 700 Cal. bei der Umwandlung in mechanische Arbeit, wenn die Austrittstemperatur des Gases mit z. B. 7° C, d. i. 280 abs., gegeben ist,

$$Q_2 = S \cdot T_2 = 1{,}2 \cdot 280 = 336 \text{ Cal.}$$

nicht mehr in Arbeit verwandeln lassen, sondern als Wärme abziehen müssen, so daß für den betreffenden Vorgang nur

$$700 - 336 = 364 \text{ Cal.}$$

verwertbar sind und der thermische Wirkungsgrad also

$$\frac{364}{700} = 52 \text{ Proz.}$$

beträgt.

Obige 336 Cal. sind aber, was nochmals ausdrücklich betont sein möge, nicht als Wärmeverlust zu betrachten, sondern als ein mit der Wärmeumwandlung unvermeidlich verbundener Zoll an die Umgebung, der um so größer ausfällt, je höher die Temperatur T_2 ist, bei welcher er an die Natur gezahlt wird. Müssen bei einem Kreislauf 105 Cal. bei 293° abgeführt werden, dann errechnet sich die Entropie aus

$$Q_2 = S \cdot T_2 \quad \text{zu} \quad S = \frac{Q_2}{T_2} = \frac{105}{293} = 0,36 \text{ EE}.$$

Solange Wärme überhaupt als solche existiert, kann man von Entropie sprechen. Ist $T_2 = 0$, dann folgt aus der Formel $Q_2 = S \cdot T_2$, daß die abzuleitende Wärme Null wird. In diesem Falle könnte die ganze im Gase enthaltene Wärme in mechanische Arbeit umgesetzt werden, und der thermische Wirkungsgrad wäre 1. Am absoluten Nullpunkt ($T_2 = 0$) ist die Entropie demnach unendlich groß, und jede Entropie S_x, die zu einer höheren Temperatur T_x gehört, müßte also entsprechend kleiner sein als die Entropie S_0 beim absoluten Nullpunkt T_0. Die Entropiezunahme zwischen den Grenzen T_x und T_0 beträgt demnach $S = S_0 - S_x$.

Gewöhnlich greift man aber bei der Berechnung der Entropie nicht bis zum absoluten Nullpunkt zurück, sondern wählt irgendeinen beliebigen Bezugspunkt, bei Wasserdampf z. B. 0° C = 273 abs., da ja nur die relative Entropie interessiert, d. h. die Entropiezunahme, nicht ihr absoluter Wert. Je nach der Wahl des Bezugspunktes wird die Entropie demnach einen größeren oder kleineren Wert haben. Die Maßzahlen der Entropie werden, wie vorstehend schon angegeben, mit Entropieeinheiten bezeichnet. (EE.)

Die abzuführende Wärmemenge Q_2 richtet sich jedoch, wie wiederholt erwähnt, nicht allein nach der Entropie S, sondern natürlich auch nach der Temperatur T_2, denn S ist für einen gegebenen Anfangszustand ein konstanter Faktor. Wird die Wärme bei 300° abgeleitet, dann hat dieselbe eine Größe von $Q_2 = S \cdot 300$ Cal., bei 400° ist $Q_2 = S \cdot 400$ Cal., bei 500° $Q_2 = S \cdot 500$ Cal. usw. Aus der Beziehung $Q_2 = \frac{Q_1}{T_1} \cdot T_2$ folgt $\frac{Q_1}{T_1} = \frac{Q_2}{T_2} = S$. Die En-

Wasserdampftabelle 0,02 bis 20 Atm.

(*Mollier*, Neue Tabellen und Diagramme für Wasserdampf, Berlin: Julius Springer. 1924.)

Absol. Druck	Temp.	Absol. Temp.			Wärmeinhalt			Entropie		
					der Flüssigkeit	des Dampfes	Verdampfungswärme	der Flüssigkeit	des Dampfes	Zunahme
kgqcm	°C	T	cbmkg	kgcbm	Cal	Cal	Cal	s_1	s_2	$s_2 - s_1$
0,02	17,3	290,3	68,1	0,0146	17,3	602,9	585,5	0,0616	2,0783	2,0167
0,04	28,8	301,8	35,3	0,0282	28,8	608,3	579,4	0,1004	2,0202	1,9198
0,06	36,0	309,0	24,1	0,0414	36,0	611,6	575,6	0,1240	1,9868	1,8628
0,08	41,3	314,3	18,4	0,0543	41,4	614,1	572,7	0,1411	1,9631	1,8220
0,10	45,6	318,6	14,9	0,0670	45,7	616,0	570,4	0,1546	1,9449	1,7903
0,12	49,2	322,2	12,5	0,0795	49,3	617,7	568,4	0,1659	1,9300	1,7641
0,15	53,7	326,7	10,19	0,0981	53,8	619,7	565,9	0,1799	1,9121	1,7322
0,20	59,8	332,8	7,77	0,1285	59,9	622,4	562,6	0,1984	1,8890	1,6906
0,25	64,6	337,6	6,3	0,1586	64,8	624,6	559,8	0,2129	1,8711	1,6582
0,30	68,7	341,7	5,3	0,1881	68,9	626,4	557,5	0,2252	1,8566	1,6314
0,35	72,3	345,3	4,6	0,2174	72,5	628,0	555,5	0,2356	1,8444	1,6088
0,40	75,5	348,5	4,06	0,2463	75,7	629,4	553,7	0,2448	1,8336	1,5888
0,50	80,9	353,9	3,29	0,3036	81,2	631,7	550,5	0,2604	1,8159	1,5555
0,60	85,5	358,5	2,77	0,3601	85,8	633,7	547,8	0,2734	1,8015	1,5281
0,70	89,5	362,5	2,4	0,4160	89,9	635,3	545,5	0,2846	1,7895	1,5049
0,80	93,0	366,0	2,1	0,4713	93,5	636,8	543,3	0,2944	1,7789	1,4845
0,90	96,2	369,2	1,9	0,5262	96,7	638,1	541,4	0,3032	1,7698	1,4666
1,0	99,1	372,1	1,7	0,5807	99,6	639,3	539,7	0,3111	1,7615	1,4504
1,1	101,8	374,8	1,57	0,6349	102,3	640,7	538,1	0,3183	1,7541	1,4358
1,2	104,2	377,2	1,45	0,6887	104,8	641,3	536,5	0,3250	1,7473	1,4223
1,4	108,7	381,7	1,26	0,7955	109,4	643,1	533,7	0,3370	1,7352	1,3982
1,6	112,7	385,7	1,11	0,9013	113,4	644,7	531,2	0,3475	1,7248	1,3773
1,8	116,3	389,3	0,99	1,0062	117,1	646,0	528,9	0,3569	1,7156	1,3587
2,0	119,6	392,6	0,90	1,1104	120,4	647,2	526,8	0,3655	1,7077	1,3420
2,5	126,7	399,7	0,73	1,3680	127,7	649,9	522,2	0,3839	1,6903	1,3064
3,0	132,8	405,8	0,62	1,6224	133,9	652,0	518,1	0,3993	1,6760	1,2767
3,5	138,1	411,1	0,53	1,8743	139,4	653,8	514,5	0,4125	1,6640	1,2515
4,0	142,8	415,8	0,47	2,1239	144,2	655,4	511,2	0,4242	1,6537	1,2295
4,5	147,1	420,1	0,42	2,3716	148,6	656,8	508,2	0,4347	1,6445	1,2098
5,0	151,0	424,0	0,38	2,6177	152,6	658,1	505,5	0,4442	1,6363	1,1921
5,5	154,6	427,6	0.35	2,8624	156,3	659,2	502,9	0,4529	1,6290	1,1761
6,0	157,9	430,9	0,32	3,1058	159,8	660,2	500,4	0,4609	1,6221	1,1612

Wasserdampftabelle 0,02 bis 20 Atm.
(Fortsetzung).

Absol. Druck	Temp.	Absol. Temp.			Wärmeinhalt		Verdampfungswärme	Entropie		Zunahme
					der Flüssigkeit	des Dampfes		der Flüssigkeit	des Dampfes	
kgqcm	°C	T	cbmkg	kgcbm	Cal	Cal	Cal	s_1	s_2	$s_1 - s_2$
6,5	161,1	434,1	0,29	3,3481	163,0	661,1	498,1	0,4683	1,6158	1,1475
7,0	164,0	437,0	0,28	3,5591	166,1	662,0	495,9	0,4753	1,6101	1,1348
7,5	166,8	439,8	0,26	3,8294	168,9	662,8	493,9	0,4819	1,6048	1,1229
8,0	169,5	442,5	0,25	4,0683	171,7	663,5	491,8	0,4881	1,5997	1,1116
8,5	172,0	445,0	0,23	4,3072	174,3	664,2	489,9	0,4939	1,5949	1,1010
9,0	174,4	447,4	0,22	4,5448	176,8	664,9	488,1	0,4995	1,5905	1,0910
9,5	176,7	449,7	0,21	4,7819	179,2	665,5	486,3	0,5048	1,5863	1,0815
10,0	178,9	451,9	0,199	5,018	181,5	666,1	484,6	0,5099	1,5822	1,0723
11,0	183,1	456,1	0,18	5,489	185,8	667,1	481,3	0,5194	1,5748	1,0554
12,0	186,9	459,9	0,17	5,960	189,9	668,1	478,2	0,5282	1,5678	1,0396
13,0	190,6	463,6	0,16	6,425	193,7	668,9	475,3	0,5364	1,5616	1,0252
14,0	194,0	467,0	0,145	6,889	197,3	669,7	472,5	0,5440	1,5557	1,0117
15,0	197,2	470,2	0,136	7,352	200,7	670,5	469,8	0,5513	1,5504	0,9991
16,0	200,3	473,3	0,128	7,814	203,9	671,2	467,3	0,5581	1,5452	0,9871
18,0	206,1	479,1	0,114	8,734	210,0	672,4	462,4	0,5707	1,5359	0,9652
20,0	211,3	484,3	0,104	9,643	215,5	673,4	457,9	0,5821	1,5274	0,9453

Wasserdampftabelle 30 bis 60 Atm.
(Nach *Knoblauch - Raisch - Hausen*, Tabellen und Diagramme für Wasserdampf, München, R. Oldenbourg.)

Absol. Druck	Sättig. Temp.	Absol. Temp.	Spez. Gew.	Wärmeinhalt		Verdampfungswärme	Entropie		
				der Flüssigkeit	des Dampfes		der Flüssigkeit	des Dampfes	
kgqcm	t	T	kgcbm	Calkg	Calkg		s_1	s_2	$s_2 - s_1$
30	232,8	505,9	14,73	239,2	666,8	427,5	0,629	1,474	0,845
40	249,2	522,3	19,77	257,5	666,4	408,9	0,664	1,447	0,783
50	262,7	535,8	24,99	272,8	665,7	392,9	0,692	1,425	0,733
60	274,3	547,4	30,44	286,1	665,2	379,0	0,717	1,409	0,692

tropie hat bei einem vollkommenen Kreislauf sowohl für den Anfangs- wie auch den Endzustand des Gases denselben konstanten Wert. Veränderlich ist bei einem Carnot-Prozeß von bestimmtem Anfangszustand nur die Temperatur T_2.

Bei der zahlenmäßigen Berechnung der Entropie ist nun zu beachten, daß die Entropie nicht einfach dem Quotienten aus der abzuführenden Wärmemenge Q_2 und der zugehörigen Temperatur T_2 gleichzusetzen ist; das wäre eine irrige Vorstellung, wovon man sich leicht durch einen Blick auf eine Dampftabelle überzeugen kann. So beträgt z. B. die Entropie gesättigten Dampfes von 40 Atm 1,447 Entropieeinheiten (auf Wasser von 0° C bezogen), während der Quotient aus der Wärme des Dampfes und der absoluten Temperatur desselben $\frac{666}{522} = 1,275$ ergeben würde.

Es ist vielmehr der Weg zu berücksichtigen, auf dem die Erwärmung des Wärmeträgers erfolgte. Bei gesättigtem Wasserdampf von 40 Atm, der aus Wasser von 0° erzeugt wird, geht die Wärmeübertragung folgendermaßen vor sich: Das Wasser von 0° wird allmählich bis zur Siedetemperatur 249° = 522° abs. erhitzt, wobei die Temperatur mit jedem Grad der Erwärmung fortschreitend wächst. Bei 249° ist die Flüssigkeitswärme auf 257 Cal. gestiegen. Nehmen wir der Einfachheit halber die spezifische Wärme des Wassers mit 1 an, so daß mit jedem Temperaturgrad die Wärmemenge um 1 Cal. zunimmt, dann wächst die Entropie von Grad zu Grad und zwar

bei 20° Temperaturzunahme um $\dfrac{20}{273 + \dfrac{20}{2}} = 0,0706$ EE,

„ 40° „ „ weitere $\dfrac{20}{273 + \dfrac{40}{2}} = 0,0684$ EE,

„ 60° „ „ „ $\dfrac{20}{273 + \dfrac{60}{2}} = 0,0661$ EE,

usw. Die Summe aller dieser Entropiezunahmen gibt die gesamte Zunahme an Entropie für das erhitzte Wasser. Führen wir statt 20 Cal. jedesmal die unendlich kleine Wärmemenge $dQ = c \cdot dT$ zu, so ergibt sich die Entropiezunahme des Wassers in den Grenzen 0 — 249° C (273 — 522 abs.) aus der Beziehung

$$S = \int_{T_1}^{T_2} c \frac{dT}{T} = c\,(\text{lognat}\,T_2 - \text{lognat}\,T_1)$$

$$S = 1\,(\text{lognat}\,522 - \text{lognat}\,273) = 0.648,$$

wenn als spezifische Wärme des Wassers $c = 1$ angenommen wird. Unter Berücksichtigung der genauen spezifischen Wärme des Wassers erhält man nach den neusten Münchener Versuchen 0,664 EE.[1]).

Sobald die Siedetemperatur erreicht ist, steigt die Temperatur bei weiterer Wärmezufuhr nicht mehr, sondern alle Wärme wird jetzt zur Umwandlung des Wassers in den dampfförmigen Zustand verbraucht, einer isothermen Wärmezufuhr entsprechend. In obigem Beispiel beträgt die Verdampfungswärme 409 Cal., daher wächst die Entropie um $\frac{409}{522} = 0{,}783$ E. E. Nur bei isothermer Wärmezufuhr erhält man die Entropie sofort als Quotienten aus Wärme und der zugehörigen Temperatur. Die gesamte Entropiezunahme bei der Dampferzeugung setzt sich aus derjenigen der Flüssigkeitswärme S_1 und derjenigen der Verdampfungswärme S_2 zusammen. Für 1 kg Dampf von 40 Atm bezogen auf 0° beträgt dieselbe also

$$S_1 + S_2 = 0{,}664 + 0{,}783 = 1{,}447\ \text{EE}.$$

Wird der Dampf überhitzt, wobei die Temperatur auch kontinuierlich steigt wie bei der Flüssigkeitserwärmung, dann läßt sich die hiermit verknüpfte Entropiezunahme aus der Formel bestimmen:

---

[1]) Dampftabellen *Knoblauch*. München, R. Oldenbourg.

$$S_3 = c_p \int_{T_2}^{T_3} \frac{dT}{T}$$

$$S_3 = c_{p_m} (\text{lognat } T_3 - \text{lognat } T_2)$$

worin c_{p_m} die spezifische Wärme des Dampfes bei der mittleren Überhitzungstemperatur $\frac{T_2 + T_3}{2}$ bedeutet, T_2 die Sättigungstemperatur. Für eine Überhitzung auf 400° C = 673 abs. ist mit $c_{p_m} = 0{,}66$

$S_3 = 0{,}66$ (lognat 673 = lognat 522) = 0,167 EE.

Somit ergibt sich die Entropiezunahme von 1 kg Dampf von 40 Atm, bei 400° Überhitzungstemperatur, bezogen auf Wasser von 0° zu

$S = S_1 + S_2 + S_3 = 0{,}664 + 0{,}783 + 0{,}167 = 1{,}614$ EE (Fig. 9).

Wählt man als Bezugspunkt nicht Wasser von 0°, sondern etwa solches von der Siedetemperatur, so ist die Entropiezunahme entsprechend geringer, umgekehrt bei einem unter 0° liegenden Bezugspunkt entsprechend größer. Für gesättigten Dampf von 10° Atm ist $S_1 = 0{,}509$, $S_2 = 1{,}064$ und $S_1 + S_2 = 1{,}573$. Bei 20 Atm ist $S_1 = 0{,}582$, $S_2 = 0{,}930$ und $S_1 + S_2 = 1{,}512$[1]).

Streng genommen ist nach Vorstehendem der mathematische Ausdruck $\frac{Q}{T}$ für die Entropie nicht ganz richtig, da, wie aus dem Beispiel ersichtlich, die Art und Weise der Wärmeübertragung hierin nicht genügend berücksichtigt ist und $\frac{Q}{T}$ nur bei isothermer Wärmezufuhr als Quotient aufzufassen ist. Eine genauere Bezeichnung für die Entropie ist

$$S = \int_{T_1}^{T_2} c \frac{dQ}{T}.$$

---

[1]) Dampftabellen *Knoblauch*. München, R. Oldenbourg.

Hierin bedeutet c die spezifische Wärme in einem bestimmten Augenblick, dQ die in demselben zugeführte Wärme.

Je größer die Entropie, um so minderwertiger ist die Wärme, und umgekehrt. Wird bei einem umkehrbaren Kreislauf keine Wärme zu- noch abgeführt, dann ergibt sich $S = \dfrac{Q}{T} = 0$, d. h. bei adiabatischer Zustandsänderung ist die Entropieänderung Null. Adiabatische Expansion oder Kompression verändern die Entropie also nicht. Ist

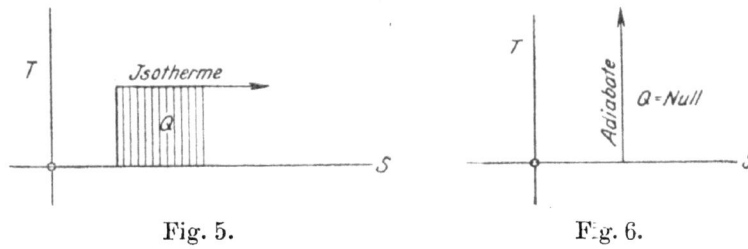

Fig. 5. Fig. 6.

T konstant (isothermer Vorgang), dann ersehen wir aus $S = \dfrac{Q}{T}$, daß die Entropie mit Wärmezufuhr wächst und mit Wärmeentziehung abnimmt. Die isotherme Expansion bringt daher eine Entropievergrößerung, die isotherme Kompression eine Entropieverminderung mit sich.

Wird Dampf von 40 Atm und 400°, mit 765 Cal. Wärmeinhalt, in mechanische Arbeit verwandelt, so können selbst unter den günstigsten Umständen pro Kilogramm Dampf, wenn das Kondensat die Maschine mit 15° C verläßt, $Q = S \cdot T = 1{,}614 \cdot 288 = 465$ Cal. nicht in Arbeit umgesetzt werden, und es bleiben somit nur $765 - 465 = 300$ Cal. zur Umwandlung in mechanische Arbeit übrig. Der thermische Wirkungsgrad bestimmt sich dann zu $\dfrac{300}{765} = 39$ Proz., der praktisch aber niemals erreicht wird, sondern vielleicht 25 Proz. betragen wird.

Wie früher schon angegeben, läßt sich Wärme auch als Fläche darstellen, wenn z. B. die absolute Temperatur als Ordinate und die Entropiezunahme S als Abscisse gewählt werden. Eine isotherm zugeführte Wärmemenge wird sich hierin, da T konstant ist, auf einer Parallelen zur Abscisse (Fig. 5), und eine adiabatisch zugeführte Wärme auf einer Parallelen zur Ordinate bewegen (Fig. 6), da die Entropie konstant bleibt. Beim Carnot-Prozeß, der aus 2 Isothermen und 2 Adiabaten besteht, erhält man also als Begrenzung der Wärmefläche 2 horizontale und 2 vertikale Linien nach Fig. 7. In der zeichnerischen Darstellung sieht man auch

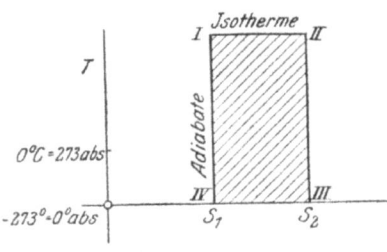

Fig. 7.

sehr klar den Unterschied zwischen hochwertiger und minderwertiger Energie, wenn man eine bestimmte Wärmemenge einmal mit hoher Temperatur und geringer Entropie und das andere Mal mit geringer Temperatur bei großer Entropie aufzeichnet (Fig. 8a u. b).

$I-II$ = Isotherme,
$III-IV$ = Isotherme,
$II-III$ = Adiabate,
$IV-I$ = Adiabate.

Die Flächen $abcd$ und $efgh$ stellen zwei gleich große Wärmemengen dar, und doch sind diese Wärmemengen durchaus nicht gleichwertig, wenn es sich darum handelt, dieselben für Arbeitszwecke zu verwerten. Wird die Wärme bei $T_2 = 273°$ abgeführt (horizontale Linie $x-y$), dann entspricht jedesmal die senkrecht schraffierte Fläche der theoretisch abgebbaren Arbeit, die bei der hochwertigen Wärme (Fig. 8a) erheblich größer ist als bei der minderwertigen (Fig. 8b). Könnte man die x-y-Linie bis zur Entropieachse herabschieben, d. h. das Temperaturgefälle bis zum absoluten Nullpunkt ausnutzen, dann ließe sich natürlich in beiden Fällen die ganze Wärme ausnutzen, und beide Wärmemengen wären als durchaus gleichwertig zu bezeichnen (Thermischer Wirkungsgrad = 1).

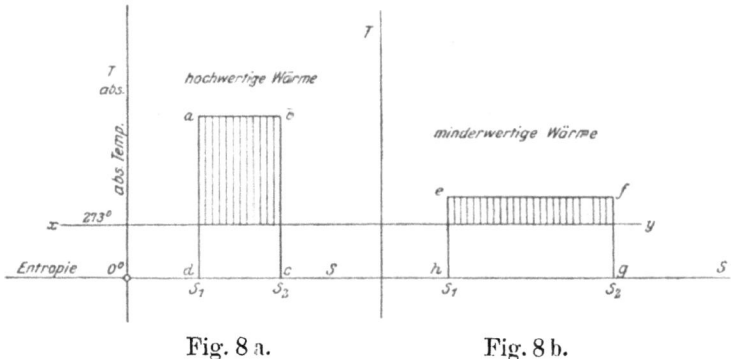

Fig. 8 a. Fig. 8 b.

Während Arbeit nahezu restlos in Wärme verwandelt werden kann, ist das Umgekehrte eben nur zum Teil möglich. Der erste Hauptsatz der theoretischen Wärmemechanik, wonach Wärme und mechanische Arbeit äquivalent sind, bedarf daher der Richtigstellung bzw. Ergänzung durch den zweiten Hauptsatz, den Entropiesatz, welcher ausspricht, daß bei der Umwandlung von Wärme in Arbeit ein gewisser Teil der Wärme wieder als solche abgeführt werden muß, oder in anderer Fassung: „Wärme kann nicht ohne Aufwendung anderer Energie von einem kälteren Körper auf einen wärmeren übergehen." Bei einem Kreisprozeß wird ja verlangt, daß der Wärmeträger nach der Rückkehr in den Ausgangszustand wieder dieselbe Temperatur besitzt wie zu Beginn des Kreislaufes. Dies wird beim Carnot-

Prozeß, wie gezeigt wurde, durch eine isotherme und eine adiabatische Kompression zustande gebracht.

Das Diagramm Fig. 8 nennt man Entropie-Temperatur-Diagramm (*S-T*-Diagramm). Für Wasserdampf ist dasselbe in Fig. 9 veranschaulicht, indem zunächst die Entropiekurve für Wasser von 0—274° C (0—60 Atm abs.) aufgetragen wurde und darauf die Kurve *CD* für trocken gesättigten Dampf für dieselben Spannungen bzw. Temperaturen, bezogen auf Wasser von 0° C. Mit steigender Temperatur nimmt die Wasserentropie zu. Für Wasser von 151° C ist dieselbe 0,443, bei 240° C 0,644. Während der Verdampfung bleibt die Temperatur bei zunehmender Entropie konstant, was bei 60 Atm durch die horizontale Linie *BC* dargestellt wird. Im Gegensatz zur Entropie der Flüssigkeit nimmt die Entropie des Dampfes mit steigendem Druck ab, oder besser gesagt: der Entropiezuwachs ist bei höheren Spannungen geringer als bei niederen, was sich mit unseren früheren Ausführungen deckt. Die Entropie des trocken gesättigten Dampfes nimmt mit der Spannung ab, bis dieselbe bei einem Druck von ca. 205 Atm ihr Minimum mit etwa 1,0 erreicht hat. In diesem Augenblick hat die Flüssigkeitsentropie denselben Wert wie die Dampfentropie. Die Flüssigkeit enthält bei diesem Druck, dem eine Temperatur von 365° C entspricht, ebensoviel Wärme wie der Dampf.

Der Übergang des Wassers in den dampfförmigen Zustand erfolgt hier aber nicht, wie bisher angenommen wurde, plötzlich, sondern allmählich. Man nennt diesen Druck den kritischen Druck und die zugehörige Temperatur die kritische Temperatur. Bei dieser Temperatur kann das Wasser als solches nicht mehr bestehen, sondern verwandelt sich, in Dampf.

Mit zunehmendem Druck wird der Wasserdampf immer mehr verdichtet, infolgedessen sein spez. Gewicht immer größer, und nähert sich mehr und mehr dem des Wassers

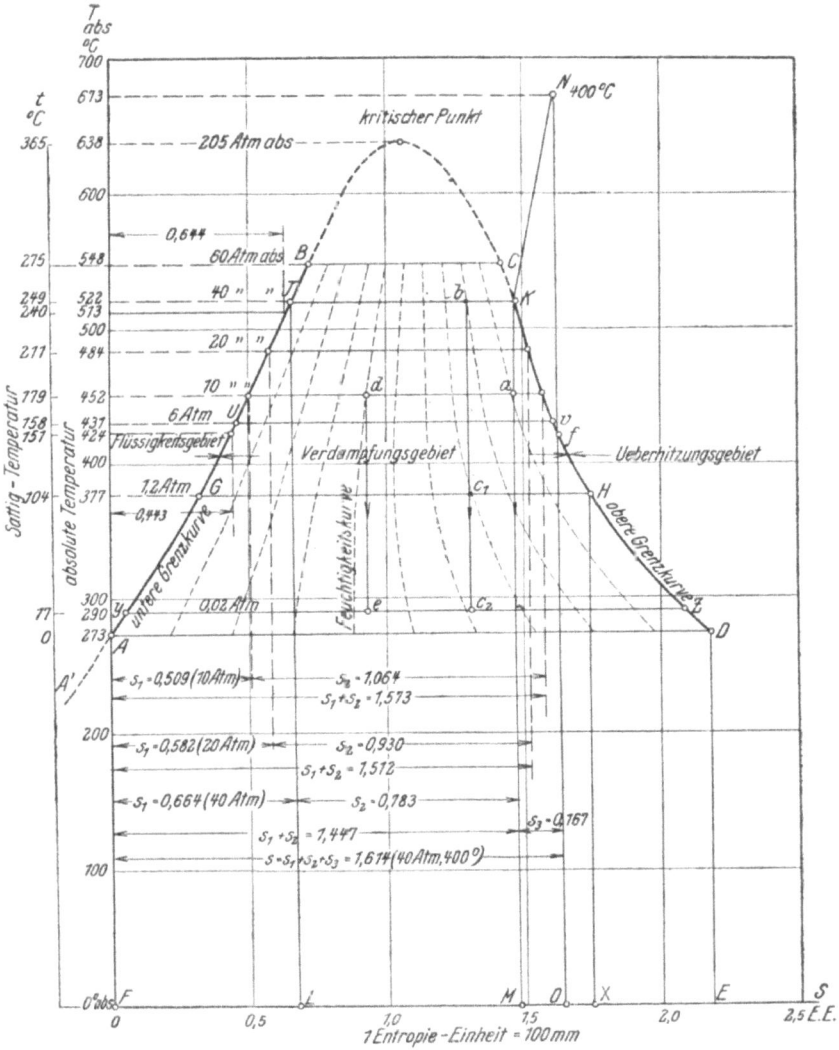

Fig. 9. Wärmemengen-Diagramm (S-T-Diagramm).
Die Wärmemengen sind als Flächen dargestellt.
Kurve AB = Untere Grenzkurve; Kurve CD = Obere Grenzkurve.
Fläche zwischen den Grenzkurven ist Verdampfungsgebiet.

bei dem gleichen Druck, bis der Gewichtsunterschied allmählich beim kritischen Druck Null wird. Die gewöhnlichen Dampfkessel könnten bei diesem Druck also überhaupt nicht betrieben werden, da keine Zirkulation mehr stattfindet, während man bei Heißwasserheizungen, wenn der Wasserumlauf durch eine Pumpe erzwungen wird, auch über den kritischen Punkt hinausgehen kann (Chem. Apparatur Nr. 5, 1924, Seite 37, Leipzig, Otto Spamer). Über die Höhe des kritischen Druckes sind die Angaben der Forscher sehr verschieden. Die „Hütte, 22. Auflage" gibt denselben mit 205 Atm bei 365° an. Mit Druckwasserheizungen hat man Temperaturen von 400° erzielt bei Anwendung einer Umwälzpumpe.

Die Kenntnis des kritischen Punktes ist für die Verflüssigung von Gasen von besonderer Bedeutung. Geht man bei der Aufzeichnung des Entropietemperaturdiagrammes vom absoluten Nullpunkt aus statt von 0° C, dann ist das Diagramm durch den gestrichelten Linienzug AA' zu ergänzen, der sich asymptotisch der Entropieachse nähert.

Die Kurve CD trennt das Gebiet des gesättigten Dampfes von dem des überhitzten. Man nennt sie daher Grenzkurve, und zwar obere Grenzkurve im Gegensatz zur unteren Grenzkurve AB, welche das Gebiet der Flüssigkeitswärme von dem der Verdampfung scheidet. Alle Punkte, die sich rechts der oberen Grenzkurve, die auch Sättigungskurve genannt wird, befinden, liegen im Überhitzungsgebiet. Die Überhitzungswärme wird in analoger Weise als Fläche veranschaulicht, indem man den für eine bestimmte Überhitzung errechneten Entropiezuwachs S_3 auf der Entropieachse an S_2 aufträgt und im Endpunkt ein Lot von der Höhe der zugehörigen absoluten Temperatur errichtet. Für Dampf von 40 Atm abs., der bis 400° erhitzt ist (673° abs.), stellt im T-S-Diagramm

$s_1 = 0{,}664$ die Entropie der Flüssigkeitswärme,
$s_2 = 0{,}783$,, ,, der Verdampfungswärme,
$s_1 + s_2 = 1{,}447$,, ,, des gesätt. Dampfes,
$s_3 = 0{,}167$,, ,, der Überhitzungswärme

dar. Die Entropie des auf 400° überhitzten Dampfes von 40 Atm beträgt, was wir früher schon einmal festgestellt haben,

$S = s_1 + s_2 + s_3 = 0{,}664 + 0{,}783 + 0{,}167 = 1{,}614$ EE.

Die Fläche

    $FAJLF$ entspricht der Flüssigkeitswärme,
    $JKML$ der Verdampfungswärme,
    $FAJKM$ der Dampfwärme,
    $KNOMK$ der Überhitzungswärme, und die Fläche
    $FAJKNOF$ der gesamten Wärme

von 1 kg aus Wasser von 0° C erzeugten, auf 400° C erhitzten Dampfes von 40 Atm (Fig. 9).

Teilt man die Strecke BC in eine Anzahl gleicher Teile ein, dann entsprechen die einzelnen Teilpunkte einem bestimmten Feuchtigkeitsgrade des Dampfes. Wird dem auf Siedepunkt erwärmten Wasser z. B. nur $^8/_{10}$ der Verdampfungswärme zugeführt, dann beträgt der Entropiezuwachs auch nur $^8/_{10}$ desjenigen der ganzen Verdampfungswärme, es sind dann auch nur $^8/_{10}$ kg Wasser verdampft worden, so daß der Dampf noch 20 Proz. Feuchtigkeit aufweist. Wird diese Teilung für die verschiedensten Spannungen ausgeführt und werden die Teilpunkte gleichen Feuchtigkeitsgehaltes durch Linienzüge miteinander verbunden, so erhält man die in Fig. 9 eingetragenen Feuchtigkeitskurven.

Das Wärmemengendiagramm gibt einen anschaulichen Begriff von den bei der Transformation von Wärme in Arbeit auftretenden Energieverlusten. Verläßt der Auspuffdampf einer mit 6 Atm betriebenen Dampfmaschine dieselbe mit z. B. 1,2 Atm (104° C = 377° abs.), dann zeigt uns die unterhalb der Linie GH liegende Fläche $AGHXFA$

den Wärmeverlust dieser Maschine an, während die Fläche
UVHGU die in Arbeit umsetzbare Wärme vorstellt. Wird
diese Maschine anstatt mit Auspuff mit Kondensation
betrieben, dann vergrößert sich die in Arbeit verwandelbare
Wärmemenge um das bedeutende Flächenstück *GHZYG*,
wobei die Linie *YZ* der Kondensatorspannung von
0,02 Atm entspricht bzw. einer absoluten Temperatur von
290°. Man ersieht hieraus sehr deutlich den mit Anwendung
der Kondensation verbundenen Arbeitsgewinn pro Kilogramm Dampf. Auch der Vorteil hoher Kesselspannungen
für Arbeitsleistung durch Wärme wird durch dieses Diagramm
deutlich illustriert und bedarf keiner weiteren Erläuterung
mehr. Trotzdem ist dieses Diagramm in seiner Hand-
habung etwas unpraktisch, da man zur Bestimmung der
Arbeitsleistung des Dampfes jedesmal die betreffenden
Flächen planimetrieren bzw. die Inhalte ausrechnen muß,
was immerhin einige Zeit erfordert, mitunter auch Fehler
hervorruft. Beides wird in geradezu trefflicher Weise bei
dem zuerst von Prof. *Mollier* entworfenen Wärme-Entropie-
Diagramm (J-S-Diagramm) vermieden, das ein für die
Dampftechnik unentbehrliches Rüstzeug geworden ist und
an Einfachheit und Übersichtlichkeit nichts zu wünschen
übrig läßt. Bevor wir uns aber dem *Mollier*schen Dampfdiagramm zuwenden, sind noch einige interessante Einzel-
heiten zum Temperatur-Entropie-Diagramm des Wasserdampfes zu erwähnen. Zuvor möge nochmals daran erinnert
sein, daß sich adiabatische Expansion oder Kompression
in diesem Diagramm als Parallele zur Temperaturachse und
isotherme Veränderungen als Parallele zur Entropieachse
darstellen. Ein Lot von irgendeinem Punkte der oberen
Grenzkurve, z. B. von Punkt *K*, der sich auf trocken gesättigten Dampf von 40 Atm bezieht, schneidet beispielsweise die 10-Atmosphärenlinie im Punkte *a*, der innerhalb
der beiden Grenzkurven liegt, womit gesagt ist, daß der so

expandierende Dampf jetzt nicht mehr trocken gesättigt, sondern feucht geworden ist, und zwar wird er etwa 12 Proz. Feuchtigkeit oder, was dasselbe ist, 88 Proz. Trockengehalt aufweisen. Expandiert dieser Dampf nun weiter, dann nimmt sein Feuchtigkeitsgehalt immer mehr zu. Wir erkennen hieraus: trocken gesättigter Dampf wird bei adiabatischer Expansion feucht. Lassen wir Dampf mit 20% Feuchtigkeit, Punkt b, in gleicher Weise expandieren, wird derselbe noch nasser, Punkt c_1 und c_2. War der anfängliche Feuchtigkeitsgehalt aber sehr hoch, der Trockendampfgehalt also sehr gering, Punkt d, dann wird der Dampf bei der adiabatischen Ausdehnung etwas trockener, Punkt e, was jedoch von geringer praktischer Bedeutung ist. Fällt man nun ein Lot von einem Punkt des Überhitzungsgebietes, z. B. N (40 Atm, 400° C), dann wird zunächst die obere Grenzkurve geschnitten, Punkt f; der Dampf nähert sich also dem trocken gesättigten Zustande und beschreitet darauf das „feuchte" Gebiet. Je geringer die Überhitzungstemperatur, um so eher tritt bei dieser Expansion Feuchtigkeit auf. Hochüberhitzter Dampf von niedriger Spannung gerät bei adiabatischer Ausdehnung nicht so schnell in den feuchten Zustand wie solcher höheren Druckes, auch ist bei niedergespanntem Dampf durch entsprechende Überhitzung eine größere Wärmemenge in nutzbare Arbeit umsetzbar als bei Dampf, der an und für sich schon einen verhältnismäßig hohen Druck hat. Für Dampf von geringerer Spannung ist die Überhitzung mithin von viel weittragenderer Bedeutung als für solchen von hohem Druck.

Im *Mollier*schen Dampfdiagramm, mit dem wir uns jetzt befassen wollen, sind die Wärmemengen nicht als Flächen, sondern als senkrechte Geraden dargestellt. Das Diagramm entsteht durch Auftragung des Wärmeinhaltes des Dampfes der verschiedenen Spannungen als Ordinaten und der zugehörigen Entropiewerte als Abscissen, wodurch sich

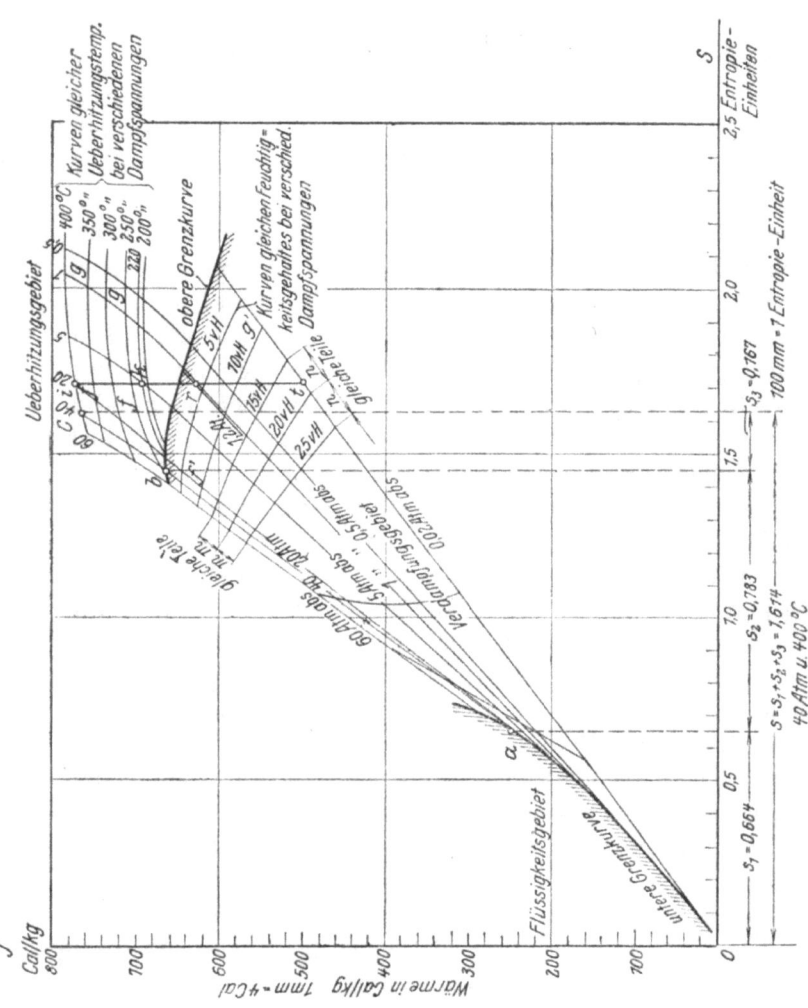

Fig. 10. Wärme-Diagramm für Wasserdampf. J-S-Diagramm.

"Mollier, Tabellen und Diagramme für Wasserdampf", Berl. 1924, Julius Springer.
Der Wärmeinhalt/kg Dampf ist als gerade Linie dargestellt (Ordinaten J).
Linie $i-k$ = adiab. Exp. von 20 Atm abs., 400° C auf 5 Atm abs. 220°.
Linie $i-k = 21$ m/m = 84 Cal/kg Dampf
$= \frac{632}{84} = 7{,}5$ kg Cal/kg Dampf = 4,2 kg Dampf-PS-Std. theoretisch.
Dampfverbrauch $\frac{7{,}5}{0{,}75}$ = 100 kg-PS-Std.
Bei $\eta = 75\%$ ist der Dampfverbrauch $\frac{7{,}5}{0{,}75}$ = 100 kg-PS-Std.
Linie $i-r$ = adiab. Exp. von 20 Atm abs. 400° C auf 1 Atm abs.
Linie $i-r = 152$ Cal/kg Dampf = $\frac{632}{152}$ = 4,2 kg Dampf-PS-Std. theoretisch.
Linie $i-k$ = adiab. Exp. von 20 Atm abs. 400° C auf 0,02 Atm abs.
In k ist der 5 Atm Dampf überhitzt um $220-151 = 69°$.
In r ist der 1 Atm Dampf feucht. 4% Feuchtigkeit.
In t ist der 0,02 Atm Dampf feucht. 18% Feuchtigkeit.

38

wiederum eine obere Grenzkurve zwischen überhitzten und feuchten Dämpfen und eine untere Grenzkurve ergibt, welche das Dampf- vom Flüssigkeitsgebiet scheidet (Fig. 10). Berechnet man noch die aufzuwendende Überhitzungswärme für die einzelnen Spannungen bei verschiedenen Temperaturen, addiert dieselben auf der Ordinatenachse zu den bereits aufgetragenen jeweiligen Wärmeinhalten der trocken gesättigten Dämpfe und bestimmt die entsprechenden Entropiewerte, so erhält man die einzelnen Punkte des Überhitzungsgebietes für die betreffenden Spannungen und Überhitzungstemperaturen. In Fig. 10 bezeichnet beispielsweise Punkt a Wasser von 249° (40 Atm), Punkt b Dampf von 40 Atm, c überhitzten Dampf von 40 Atm und 400° C. s_1 ist wiederum die Entropie des Wassers, $s_1 + s_2$ diejenige des trocken gesättigten Dampfes von 40 Atm auf 0° C bezogen und s_3 die Entropiezunahme für die Überhitzung. Auch in diesem Diagramm verlaufen adiabatische Zustandsänderungen auf Parallelen zur Ordinatenachse und Zustandsänderungen mit konstantem Wärmeinhalt auf Parallelen zur Entropieachse. Werden die zwischen der oberen und unteren Grenzkurve liegenden Strecken in eine Anzahl gleicher Teile geteilt, so erhält man durch Verbindung der korrespondierenden Teilpunkte die aus dem Wärmemengendiagramm Fig. 9 bekannten Trockengehaltskurven. Verbindet man im Überhitzungsgebiet die Punkte gleicher Temperaturen bei den verschiedenen Drücken, so ergeben sich die Linienzüge fg.

Das *Mollier*sche Diagramm spielt im Dampfmaschinen- und Turbinenbau wie in der gesamten Dampftechnik eine ganz bedeutende Rolle, da sich mit dessen Hilfe Fragen über Zustandsänderungen, Dampfverbrauch, Feuchtigkeitsgehalt, Temperaturen, Dampfgeschwindigkeit und Wirkungsgrad fast unmittelbar durch Abgreifen mit dem Zirkel beantworten lassen und dasselbe bei Berechnungen große

Erleichterung gewährt, was im folgenden an einigen Beispielen erläutert werden soll.

Wie groß ist der theoretische Dampfverbrauch einer mit trocken gesättigtem Dampf von 8 Atm betriebenen Dampfmaschine a) bei Auspuffbetrieb mit 1,2 Atm, b) bei Kondensationsbetrieb, wenn die Kondensatorspannung 0,2 Atm beträgt? Bei Auspuffbetrieb entspricht der Dampfverbrauch dem senkrechten Abstand zwischen Punkt a auf der Grenzkurve und Punkt b auf der 1,2-Atm-Linie der Fig. 11, die einen vergrößerten Ausschnitt aus dem Gesamtdiagramm Fig. 10 skizzenhaft wiedergibt. Dieser Abstand hat eine Länge von 77 mm, entsprechend 77 Cal für 1 kg Dampf. Da theoretisch für 1 PS-St. $\dfrac{75 \cdot 60 \cdot 60}{427} = 632$ Cal benötigt werden, ergibt sich ein Dampfverbrauch von $\dfrac{632}{77} = 8{,}2$ kg je PS-St. und ca. 11 kg, wenn wir einen Wirkungsgrad von 75 Proz. annehmen. Wird die Maschine mit Kondensation betrieben, dann zeigt die Linie $a\,c$ das zur Verfügung stehende Wärmegefälle mit 136 Cal je Kilogramm Dampf an. Mithin erfordert eine PS-St. $\dfrac{632}{136} = 4{,}64$ kg Dampf bzw. 6,2 kg bei einem Wirkungsgrad von 75 Proz.

Der Dampfverbrauch einer 500-PS-Gegendruckmaschine, die mit 40 Atm bei 400° und 25 Atm Gegenspannung arbeitet, bestimmt sich gemäß dem Abstand $d\,e = 34$ Cal. für 1 kg Dampf zu $\dfrac{632}{34} = 18{,}6$ kg Dampf-PS-St. bzw. 24,8 kg Dampf unter Berücksichtigung eines Wirkungsgrades von 75 Proz. Diese Maschine wird also stündlich $24{,}8 \cdot 500 = 12\,800$ kg Dampf von 25 Atm abgeben, der zu Fabrikationszwecken (Heizung, Destillation u. dgl.) Verwendung finden kann, wobei die Kraft fast als Abfallprodukt gewonnen wird. (Vgl. Aufsatz des Verfassers in der Zeitschrift

„Chemische Apparatur" Nr. 3, 1921). Der Abdampf befindet sich beim Austritt aus der Maschine noch im überhitzten Zustand. Seine Temperatur beträgt etwa 330°. Da Sattdampf

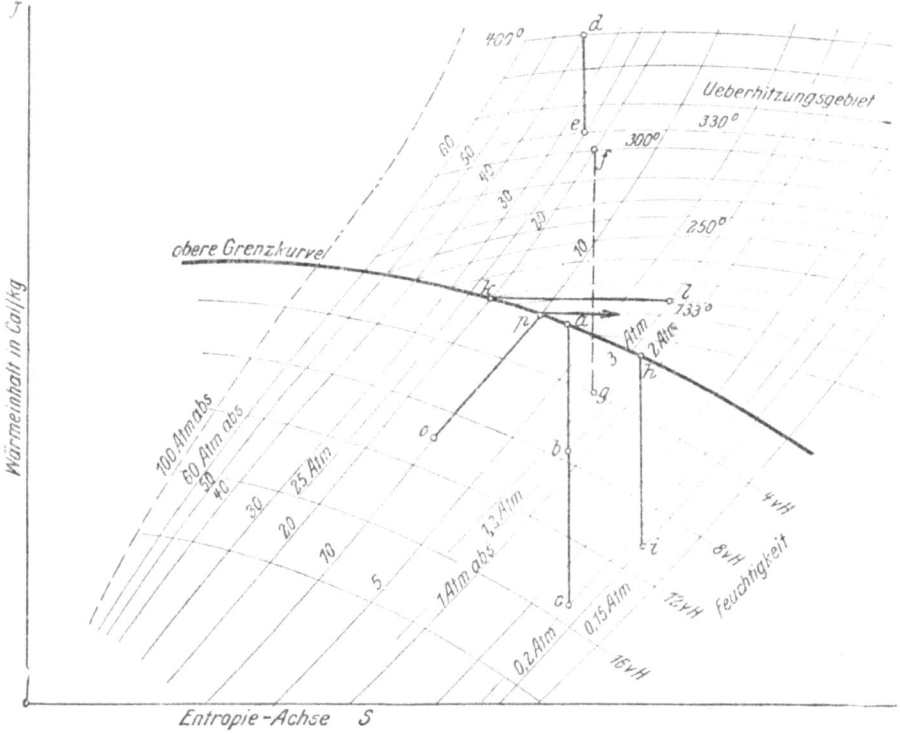

Fig. 11. *J-S*-Diagramm (nach *Knoblauch-Raisch-Hausen*. R. Oldenbourg, München).

von 25 Atm eine Temperatur von 223° aufweist, ist der Dampf noch um 330 — 223 = 107° überhitzt.

In welchem Zustande befindet sich auf 300° überhitzter Dampf von 20 Atm, nachdem derselbe auf 3 Atm adiabatisch expandierte? Der Punkt *g* der Linie *f g*, welcher den Endpunkt der adiabatischen Expansion bezeichnet, liegt im Gebiet der feuchten Dämpfe und bezeichnet einen Dampf von etwa 95,8 Proz. Trockengehalt bzw. 4,2 Proz. Feuchtigkeit.

Welche Leistung ist von einer Abdampfturbine, die mit 2 Atm Eintritts- und 0,15 Atm Kondensatorspannung arbeitet, zu erwarten, wenn stündlich 400 kg Abdampf zur Verfügung stehen? Der Abstand $h\,i$ im Diagramm ergibt 94 Cal für 1 kg Dampf. 400 kg Dampf leisten also eine mechanische Arbeit von $400\cdot 94\cdot 427$ mkg oder, in PS umgerechnet, bei $n = 70$ Proz.

$$N = 0{,}7 \cdot \frac{400\cdot 94\cdot 427}{60\cdot 60\cdot 75} = \text{ca. } 39\,\text{PS}\,.$$

Die Leistung ist also trotz der geringen Spannung bei einer verhältnismäßig kleinen stündlichen Dampfmenge nicht unbedeutend.

Wie groß ist der thermische Wirkungsgrad einer mit 8 Atm betriebenen Auspuffdampfmaschine, wenn dieselbe 8,2 kg Dampf-PS-St. verbraucht? Sattdampf von 8 Atm enthält 661 Cal. Es werden also je PS-St. $8{,}2\cdot 661$ Cal in die Maschine geschickt, während theoretisch nur 632 Cal hierzu erforderlich sind, was einem theoretischen Wirkungsgrad von $\dfrac{633}{8{,}2\cdot 661} = \text{ca. } 12$ Proz. entspricht.

Bei der Drosselung von gesättigtem Dampf, einerlei, ob dieselbe durch ein Druckminderventil oder ein Absperrmittel erfolgt, tritt eine Überhitzung des gedrosselten Dampfes ein, da bei der Drosselung, abgesehen von geringer Wärmeausstrahlung, keine Wärme verloren geht, der Vorgang also als ein isothermer zu betrachten ist. Dies läßt sich auch am klarsten aus dem *Mollier*schen Diagramm erkennen, in welchem sich diese Zustandsänderung als eine Parallele zur Entropieachse darstellt. Man sieht sofort, daß die wagerechte Linie $k\,l$ für gedrosselten Dampf von 20 Atm über der Grenzlinie liegt. Der gedrosselte Dampf wird also eine höhere Temperatur aufweisen als seinem Druck entspricht. Durch die Überhitzung wird eine Raumvergrößerung hervorgerufen, die sich annähernd nach dem *Gay-Lussac*schen Gesetz berechnen läßt, nach welchem sich die Räume wie die absoluten Temperaturen verhalten. Nehmen wir z. B. Dampf von 20 Atm, der auf 3 Atm entspannt wird. Ersterer besitzt eine Sattdampftemperatur von 211°, letzterer von 133°. Der Schnittpunkt der wagerechten Linie kl mit der 3-Atm-Linie liegt auf der Überhitzungskurve von etwa 162°, so daß der Dampf eine Überhitzung von $162 - 133 = 29°$ aufweisen muß. Bei Dampfmessungen, die große Genauigkeit erfordern, ist hierauf zu achten, wenn es sich um gedrosselten Dampf handelt. (Vgl. ,,Chemische Apparatur" Nr. 6, 1924: Messung gedrosselten Dampfes, vom Verfasser.) Überhitzter Dampf verliert beim Drosseln an Temperatur, wie eine Linie von 20 Atm 300° auf 3 Atm mit 280° beweist.

Bei isothermer Entspannung feuchten Dampfes ist zu beachten, daß demselben Wärme zugeführt werden muß, wenn seine Temperatur nicht sinken soll, und daß derselbe demzufolge zunächst in den trocken gesättigten Zustand (auf der Grenzlinie) übergeht und sich darauf in das Überhitzungsgebiet begibt. Solche Zustandsänderung wird im J-S-Diagramm daher nach dem Linienzug op verlaufen, der für Dampf von 10 Atm mit 90 Proz. Trockengehalt im Diagramm eingezeichnet ist.

Es wäre nun noch die Verwendbarkeit des J-S-Diagramms zur Bestimmung der Dampfgeschwindigkeit in Düsen zu erwähnen. Strömt z. B. Dampf aus einem Loch in der Wand eines Dampfgefäßes, so wird seine Geschwindigkeit nicht mehr als ca. 350 msek. betragen, einerlei, welche Spannung der Dampf besitzt. Wird dagegen das Ausströmloch mit einer geeigneten Düse versehen, kann jede

Tabelle für überhitzten Dampf.
1. Gewicht von 1 cbm Dampf in kg.

Überdruck kgqcm $p\ddot{u}$	Dampftemperatur $t\ddot{u}$ ° Celsius									
	200	225	250	275	300	325	350	375	400	425	450
1	0,909	0,867	0,812	0,787	0,735	0,721	0,672	0,643	0,618	0,601	0,579
2	1,373	1,313	1,242	1,191	1,131	1,084	1,040	1,000	0,963	0,909	0,877
3	1,841	1,768	1,655	1,594	1,515	1,451	1,390	1,337	1,288	1,220	1,174
4	2,309	2,226	2,087	2,000	1,901	1,818	1,745	1,681	1,615	1,532	1,474
5	2,777	2,669	2,512	2.409	2,283	2,188	2,101	2,020	1,942	1,850	1,780
6	3,257	3,152	2,941	2,801	2,681	2,564	2,445	2,358	2,273	2,161	2,080
7	3,731	3,620	3,378	3,215	3,067	2,932	2,809	2,652	2,604	2,478	2,384
8	4,219	4,090	3,802	3,623	3,460	3,311	3,174	3,048	2,932	2,796	2,690
9	4,716	4,563	4,255	4,048	3,861	3,690	3,546	3,401	3,278	3,116	2,997
10	5,208	5,038	4,673	4,464	4,255	4,065	3,906	3,745	3,610	3,436	3,305
11	5,714	5,516	5,128	4,902	4,673	4,464	4,273	4,098	3,952	3,757	3,614
12	6,172	5,995	5,586	5,319	5,076	4,830	4,629	4,464	4,292	4,080	3,923
13	6,711	6,477	6,024	5,747	5,495	5,263	5,050	4,808	4,629	4,405	4,234
14	7,194	6,961	6,493	6,173	5,650	5,618	5,376	5,181	4,975	4,727	4,546
15	—	7,446	6,944	6,578	6,289	6,024	5,780	5,524	5,319	5,170	4,857
16	—	7,933	7,407	7,042	6,711	6,410	6,135	5,650	5,376	5,378	5,170
17	—	8,422	7,874	7,462	6,944	6,849	6,536	6,250	6,024	5,838	5,484
18	—	8,913	8,333	7,936	7,575	7,246	6,944	6,667	6,452	6,032	5,798
20	—	9,897	9,259	8,849	8,403	8,000	7,692	7,462	7,092	6,689	6,428
22	—	—	10,31	9,708	9,259	8,849	8,474	8,131	7,812	7,348	7,058
24	—	—	11,47	10,63	10,20	9,708	9,259	8,849	8,547	8,010	7,696
25	—	—	11,68	11,05	10,63	10,10	9,708	9,259	8,849	8,341	8,014
26	—	—	12,15	11,76	10,98	10,53	10,10	9,615	9,259	8,674	8,333
28	—	—	13,09	12,93	11,73	11,36	10,87	10,42	10,00	9,340	8,972
30	—	—	14,03	13,28	12,60	11,98	11,76	11,23	10,75	10,24	9,614
32	—	—	—	14,18	13,44	12,78	12,18	11,64	11,14	10,44	10,25
34	—	—	—	15,09	14,30	13,91	12,95	12,37	12,11	11,35	10,90
36	—	—	—	15,99	15,16	14,41	14,05	13,11	12,54	12,03	11,55
38	—	—	—	—	16,02	15,22	14,51	13,85	13,56	12,70	12,19
40	—	—	—	—	16,88	16,40	15,28	14,59	13,96	13,40	12,85
42	—	—	—	—	17,75	16,68	16,06	15,33	14,67	14,06	13,50
44	—	—	—	—	—	17,69	16,84	16,08	15,38	14,74	14,50
46	—	—	—	—	—	18,51	17,63	16,83	16,47	15,42	14,80
48	—	—	—	—	—	19,34	18,85	17,58	16,81	16,11	15,46
50	—	—	—	—	—	—	19,20	18,32	17,54	16,79	16,12
55	—	—	—	—	—	—	21,18	20,21	19,33	18,51	17,77
60	—	—	—	—	—	—	—	22,26	21,63	20,21	19,42

Tabelle für überhitzten Dampf.
2. Rauminhalt von 1 kg Dampf in cbm.

Überdruck kgqcm $p\ddot{u}$	Dampftemperatur $t\ddot{u}$ ° Celsius									
	200	225	250	275	300	325	350	375	400	425	450
1	1,100	1,152	1,232	1,271	1,361	1,388	1,487	1,555	1,618	1,661	1,725
2	0,728	0,760	0,805	0,839	0,884	0,922	0,961	1,000	1,038	1,110	1,142
3	0,543	0,565	0,604	0,627	0,660	0,689	0,719	0,748	0,776	0,820	0,852
4	0,433	0,449	0,479	0,500	0,526	0,550	0,573	0,595	0,619	0,652	0,678
5	0,360	0,370	0,398	0,415	0,438	0,457	0,476	0,495	0,515	0,540	0,561
6	0,307	0,317	0,340	0,357	0,373	0,390	0,409	0,424	0,440	0,462	0,480
7	0,268	0,276	0,296	0,311	0,326	0,341	0,356	0,370	0,384	0,403	0,419
8	0,237	0,250	0,263	0,276	0,289	0,302	0,315	0,328	0,341	0,357	0,372
9	0,212	0,219	0,235	0,247	0,259	0,271	0,282	0,294	0,305	0,320	0,333
10	0,192	0,198	0,214	0,224	0,235	0,246	0,256	0,267	0,277	0,291	0,302
11	0,175	0,181	0,195	0,204	0,214	0,224	0,234	0,244	0,253	0,266	0,276
12	0,162	0,166	0,179	0,188	0,197	0,207	0,216	0,224	0,233	0,245	0,254
13	0,149	0,154	0,166	0,174	0,182	0,190	0,198	0,208	0,216	0,227	0,236
14	0,139	0,143	0,154	0,162	0,170	0,178	0,186	0,193	0,201	0,211	0,220
15	—	0,134	0,144	0,151	0,159	0,166	0,173	0,181	0,188	0,193	0,205
16	—	0,126	0,135	0,142	0,149	0,156	0,163	0,170	0,176	0,185	0,193
17	—	0,118	0,127	0,134	0,140	0,146	0,153	0,160	0,166	0,171	0,182
18	—	0,112	0,120	0,126	0,132	0,138	0,144	0,150	0,155	0,165	0,172
20	—	0,101	0,108	0,113	0,119	0,125	0,130	0,134	0,141	0,149	0,155
22	—	—	0,097	0,103	0,108	0,113	0,118	0,123	0,128	0,136	0,141
24	—	—	0,089	0,094	0,098	0,103	0,108	0,113	0,117	0,124	0,129
25	—	—	0,085	0,090	0,094	0,099	0,103	0,108	0,113	0,119	0,124
26	—	—	0,082	0,085	0,091	0,095	0,099	0,104	0,108	0,115	0,120
28	—	—	0,076	0,080	0,085	0,088	0,092	0,096	0,100	0,107	0,111
30	—	—	0,071	0,075	0,079	0,083	0,085	0,089	0,093	0,097	0,104
32	—	—	—	0,070	0,074	0,078	0,082	0,085	0,089	0,093	0,097
34	—	—	—	0,066	0,069	0,071	0,077	0,080	0,082	0,088	0,091
36	—	—	—	0,062	0,065	0,069	0,071	0,076	0,079	0,083	0,086
38	—	—	—	—	0,062	0,065	0,068	0,072	0,073	0,078	0,081
40	—	—	—	—	0,059	0,062	0,065	0,068	0,071	0,074	0,077
42	—	—	—	—	0,056	0,059	0,062	0,065	0,068	0,071	0,074
44	—	—	—	—	—	0,056	0,059	0,062	0,065	0,067	0,070
46	—	—	—	—	—	0,054	0,056	0,059	0,062	0,064	0,067
48	—	—	—	—	—	0,051	0,054	0,056	0,059	0,062	0,064
50	—	—	—	—	—	—	0,052	0,054	0,057	0,059	0,062
55	—	—	—	—	—	—	0,047	0,049	0,051	0,053	0,056
60	—	—	—	—	—	—	—	0,044	0,046	0,049	0,051

beliebige Geschwindigkeit erreicht werden. Expandiert Dampf von 30 Atm. 300° in einer Düse adiabatisch bis 5 Atm, dann verliert er $714 - 657 = 57$ Cal, die in mechanische Arbeit umgesetzt werden. Das Arbeitsvermögen von 1 kg Dampf ist folglich

$$\frac{G \cdot v^2}{g \cdot 2} = 57 \cdot 427 = 24\,339 \text{ mkg}$$

und hieraus die Dampfgeschwindigkeit

$$v = \sqrt{\frac{2 \cdot g \cdot 24\,339}{G}} = \sqrt{\frac{2 \cdot 9{,}81 \cdot 24\,339}{1}} = \infty\ 692 \text{ msec}.$$

Im Dampfturbinenbau leistet dieses Diagramm also besonders gute Dienste.

Die Werte dieser beiden Tabellen für überhitzten Dampf sind nach der Zeunerschen Formel

$$p_{\ddot{u}}^v = 0{,}00509\, T_{\ddot{u}} - 0{,}193\, p^{1/4}$$

errechnet.

(Diese beiden Tabellen wurden dem Verfasser von der Firma Schumann & Co., Leipzig-Plagwitz, in liebenswürdiger Weise zur Verfügung gestellt.)

Unter allen Energieformen nimmt die Wärme offenbar eine besondere und eigentümliche Stellung ein, indem sie auch ohne Arbeitsleistung von einem Körper höherer Temperatur auf einen solchen niederer Temperatur übergeht, während das Gegenteil nie vorkommt. Gemäß dem Gesetz von der Erhaltung der Energie bleibt bei der Überströmung von Wärme von einem wärmeren auf einen kälteren Körper die Summe aller Wärmemengen konstant, und trotzdem ist, wie wir im Verlauf unserer Betrachtungen gesehen haben, der Endzustand wesentlich verschieden vom Anfangszustand, und jede Wärmemenge bleibt ohne gleichzeitige Angabe ihrer Entropie sehr fragwürdig für uns.

Daß die Wärme schließlich doch in den Zustand übergeht, der ihr sozusagen am angenehmsten ist, nämlich den, der ihrer Umgebungstemperatur entspricht, daran kann sie nicht gehindert werden, denn alle Energie, wie sie auch heißen mag, findet sich zuletzt doch als minderwertige Wärme im Weltall wieder, wir müssen sie aber daran zu hindern suchen, daß dies geschieht, bevor wir sie uns dienstbar gemacht haben.

Wenn nun alle Energie des Weltalls nach mancherlei Wandlungen zuletzt in Wärme übergeht, dann müßte die Wärme des Weltalls in beständiger Zunahme begriffen sein, ebenso ihre Entropie, und endlich ein Temperaturunterschied im Universum aufhören. Doch dies wollen wir dahingestellt sein lassen, denn die Gesetze der Thermodynamik haben nur einen verhältnismäßig bescheidenen Geltungsbereich im Vergleich zu den im Universum auftretenden, unvorstellbaren Verhältnissen.

Springer-Verlag Berlin Heidelberg GmbH

Allgemeine Maschinenlehre

Vorlesungen über Arbeitsgewinnung und Kraftmaschinen

Von

Hugo Fischer

Geh. Hofrat u. o. Prof. i. R. d. Techn. Hochschule Dresden

Mit 200 Abbildungen im Text

Geheftet G.Mk. 9.—, gebunden G.Mk. 12.—

Inhaltsübersicht: Einführung. — Die Arbeitsverhältnisse der Maschinen. — Die Ermittelung der Arbeitsgrößen (Arbeitsmaße; Kraft- und Arbeitsmessung; Gewichtsbestimmung strömender Flüssigkeiten; Geschwindigkeitsmessung; Arbeitsmessung). — Die Gewinnung von mechanischer Arbeit (Der Mensch und das Tier als Energieträger und die Maschinen zur Ausnutzung ihrer Arbeitsfähigkeit; Gewinnung, Speicherung und Fortleitung motorischen Wassers; Der Wasserdampf als Triebstoff; Die Gewinnung von Treibgasen). — Die Umsetzung von mechanischer Arbeit in Energie (Arbeitsspeicherung in Preßwasser und Preßluft; Gewichts- und Federtriebwerke als Arbeitsspeicher; Umsetzung von Arbeit in elektrische Energie). — Die Ausnutzung der Triebstoffe in Kraftmaschinen (Radkraftmaschinen; Kolbenkraftmaschinen). — Literaturnachweis. — Sachregister.

Dinglers polytechnisches Journal: ... daß man bei der Lektüre der Schrift in steigendem Maße den Eindruck gewinnt, eine zwar kurze, indessen in jeder Hinsicht erstklassige Darstellung vor sich zu haben. Das Buch soll dem Studierenden, der gerade gegenwärtig unter der Not der Zeit so überaus schwer zu leiden hat, als Leitfaden dienen, der unter Ausschaltung alles Nebensächlichen nur das Grundsätzliche bringt. Dieses Ziel wurde erreicht. Indessen nicht nur der junge Hochschüler wird der Schrift viel Belehrendes entnehmen, sondern auch dem in der Praxis stehenden Ingenieur dürfte das Studium des Buches wesentlichen Nutzen bringen.

MIX
Papier aus verantwortungsvollen Quellen
Paper from responsible sources
FSC® C105338

If you have any concerns about our products,
you can contact us on
ProductSafety@springernature.com

In case Publisher is established outside the EU,
the EU authorized representative is:
**Springer Nature Customer Service Center GmbH
Europaplatz 3, 69115 Heidelberg, Germany**

Printed by Libri Plureos GmbH
in Hamburg, Germany